Evolution, Ordnung und Erkenntnis

Jörg A. Ott, Günter P. Wagner, Franz M. Wuketits (Hrsg.)

Rupert Riedl, * 22. Februar 1925 in Wien/Österreich

Evolution, Ordnung und Erkenntnis

Herausgegeben von Jörg A. Ott, Günter P. Wagner, Franz M. Wuketits

Mit Beiträgen von Waltraud Klepal, Konrad Lorenz, Gerhard Medicus, Gerd Müller, Erhard Oeser, Jörg A. Ott, Reinhard M. Rieger, Seth Tyler, Günter P. Wagner, Franz M. Wuketits

1985 · Mit 14 Abbildungen und 3 Tabellen

Verlag Paul Parey · Berlin und Hamburg

Für die Verlagsbuchhandlung Paul Parey war es ein besonderes Anliegen, diese Festschrift anläßlich des 60. Geburtstages von Prof. Dr. Rupert Riedl verlegerisch zu betreuen. Prof. Riedl ist der Verlagsbuchhandlung Paul Parey seit langen Jahren in seinem literarischen Schaffen in ganz besonderem Ausmaß verbunden.
Die Verlagsbuchhandlung dankt den Herren Dr. Ott, Dr. Wagner und Dr. Wuketits, die sich für die Herausgebertätigkeit im Interesse der Veröffentlichung uneigennützig zur Verfügung gestellt haben. Ebenfalls gilt ganz besonderer Dank den bei der Herstellung beteiligten Firmen, die durch freundliches Entgegenkommen die Veröffentlichung in der vorliegenden Form ermöglichten. Die Lithografien übernahmen Erich Paul Söhne und Carl Schütte & C. Behling, Satz und Druck führte die Firma Saladruck Steinkopf & Sohn aus und die buchbinderische Verarbeitung erfolgte bei der Buchbinderei Lüderitz & Bauer.

Rudolf Georgi

CIP-Kurztitelaufnahme der Deutschen Bibliothek

Evolution, Ordnung und Erkenntnis : [Rupert Riedl zum 60. Geburtstag am 22. Februar 1985] / hrsg. von Jörg Ott ... Mit Beitr. von Waltraud Klepal ... — Berlin ; Hamburg : Parey, 1985.
ISBN 3-489-62334-7

NE: Ott, Jörg A. [Hrsg.]; Klepal, Waltraud [Mitverf.]; Riedl, Rupert: Festschrift

Einband: Christian Honig BDB/BDG, D-5450 Neuwied 1, unter Verwendung einer Zeichnung (nachempfunden) aus: Riedl, R., 1975: Die Ordnung des Lebendigen. Systembedingungen der Evolution. Hamburg, Berlin: Paul Parey

Anschriften: Lindenstr. 44–47, D-1000 Berlin 61; Spitalerstr. 12, D-2000 Hamburg 1

ISBN 3-489-62334-7 · Printed in Germany

Gesetzt aus der Korpus Sabon-Antiqua (Lichtsatz Linotron 202/System 3)

Satz und Druck: Saladruck Steinkopf & Sohn, D-1000 Berlin 36
Lithographie: Excelsior-Clischée Erich Paul Söhne oHG, D-1000 Berlin 61 und Carl Schütte & C. Behling Offsetreproduktionen GmbH & Co. KG, D-1000 Berlin 42
Bindung: Lüderitz & Bauer Buchgewerbe GmbH, D-1000 Berlin 61

Widmung

Unserem verehrten Freund Rupert Riedl
zum 60. Geburtstag am 22. Februar 1985
gewidmet von Schülern und Kollegen

Autorenverzeichnis

Doz. Dr. Waltraud Klepal
Institut für Zoologie der Universität Wien, Althanstr. 14, A-1090 Wien

Prof. Dr. Konrad Lorenz
Forschungsstelle für Ethologie (Konrad-Lorenz-Institut) der Österreichischen Akademie der Wissenschaften, Adolf-Lorenz-Gasse 2, A-3422 Altenberg

Dr. Gerhard Medicus
Institut für Zoologie der Universität Wien, Althanstr. 14, A-1090 Wien

Dr. Gerd Müller
Institut für Anatomie der Universität Wien, Währingerstr. 13, A-1090 Wien

Prof. Dr. Erhard Oeser
Institut für Philosophie der Universität Wien, Währingerstr. 17/III, A-1090 Wien

Doz. Dr. Jörg A. Ott
Institut für Zoologie der Universität Wien, Althanstr. 14, A-1090 Wien

Prof. Dr. Reinhard Rieger
Department of Biology and Institute of Marine Sciences, University of North Carolina, USA-Chapel Hill, NC 27514

Prof. Dr. Seth Tyler
Department of Zoology, University of Maine, USA-Orono, ME 04469

Dr. Günter P. Wagner
Max-Planck-Institut für Entwicklungsbiologie, Molekularbiologische Abteilung, Spemannstr. 35/IV, D-7400 Tübingen

Doz. Dr. Franz M. Wuketits
Hauptstr. 111, A-7111 Parndorf

Vorwort

»Das Prinzip des Lebens«, meinte Charles Darwin, »wird eines Tages als Teil oder Folge eines allgemeineren Gesetzes erkannt werden.« Die Naturwissenschaften sind in den vergangenen Jahrzehnten bis zu den kleinen und kleinsten Teilchen der Materie vorgedrungen, vermochten den molekularen und atomaren Aufbau unserer Welt zu erhellen – und in der Tat ist heute das Leben, sind die vielfältigen Formen der belebten Materie mit den von den physikalischen Wissenschaften gefundenen allgemeinen Weltgesetzlichkeiten vereinbar. In ihren speziellen Eigenschaften aber gehen lebende Systeme über die im Anorganischen wirksamen Gesetze hinaus.

Das Konzept der *offenen Systeme* (entwickelt von Ludwig v. Bertalanffy) und der Begriff der *negativen Entropie* (eingeführt von Erwin Schrödinger) helfen uns zu verstehen, wie es kommt, daß die Biosphäre unseres Planeten ein Zentrum von *Ordnung* inmitten einer weniger geordneten Welt darstellt. Das mechanistische Weltbild der klassischen Physik wird in dem Maße zurückgedrängt, in dem wir zu einem besseren Verständnis dieser Ordnung gelangen: einer Ordnung, die von den ersten bio-molekularen Systemen in der Ursuppe bis zur Organisation des hochkomplexen menschlichen Zentralnervensystems ungeheure Dimensionen erreicht hat.

Die Dimensionen und Formen der Ordnung des Lebendigen zu beschreiben, wurde in der Biologie des 20. Jahrhunderts zu einer wichtigen Aufgabe. Was zu Beginn des Jahrhunderts da war – eine Evolutionstheorie, die mit dem Opportunismus der Selektion und zufälligen, sprunghaften Erbänderungen rechnete – bedurfte einer näheren Präzisierung und einer entscheidenden Ergänzung. Eine gewisse Einseitigkeit haftet jedoch auch neueren Evolutionsvorstellungen an. Sie war durch eine Theorie zu überwinden, die nachweist, daß Evolution auf allen Ebenen (bis zur Entstehung des menschlichen Denkapparates) sich im *Wechselspiel äußerer und innerer Bedingungen des Organismus* vollzieht. Eine solche

Theorie allein kann dem Umstand Rechnung tragen, daß alle Lebewesen (vom einfachen Bakterium bis zum Menschen) geordnete Systeme sind mit dem Vermögen, die eigenen »Bauanleitungen« weiterzugeben: es ist dies eine Theorie der *Systembedingungen der Evolution.* Sie ist das Verdienst von Rupert Riedl, dessen Werk inzwischen einen Bogen von der vergleichenden Anatomie und Systematik niederer Meeresorganismen bis zur Theorie menschlichen Wissens spannt.
Ausgehend von marinbiologischen Studien, die in zahlreichen Forschungsberichten und Spezialaufsätzen sowie einer umfassenden Monographie zur »Biologie der Meereshöhlen« und einem Sammelwerk zur »Fauna und Flora der Adria« (mittlerweile auf das gesamte Mittelmeergebiet ausgeweitet) ihren Niederschlag gefunden haben, kam Riedls Interesse mehr und mehr auf jene Fragen, die sein Hauptwerk in der theoretischen Biologie ausmachen: »Die Ordnung des Lebendigen«. Die Begründung einer Theorie, welche die lebendige Ordnung evolutionär beschreiben und erklären soll, stützt sich daher auf jahrelange empirische Forschungsarbeit in den klassischen Disziplinen der Zoologie: Anatomie, Morphologie und Systematik, nicht zu vergessen die Ökologie, der Riedl schon in frühen Jahren seine Aufmerksamkeit widmete, und die Ultrastrukturforschung, die mit der Untersuchung von Organismengruppen einherging, deren systematische Stellung problematisch ist.
Die in dem Buch »Die Ordnung des Lebendigen« niedergelegten Gedanken hat Riedl in die Bereiche der sozialen und kulturellen Evolution des Menschen verbreitert; das Ergebnis davon war der gleichfalls gewichtige Band »Die Strategie der Genesis«, der die Mechanismen der Ordnungsentstehung vom Urknall bis zur Entstehung der menschlichen Zivilisationen durchsichtig macht. Was bereits in »Die Ordnung des Lebendigen« in deutlichen Konturen sichtbar geworden war – die evolutionäre Erklärung der Übereinstimmungen zwischen Natur- und Denkordnung – sollte jedoch in dem Buch »Biologie der Erkenntnis« einen eigenen Rahmen erhalten: die *evolutionäre Erkenntnistheorie,* eine evolutionäre Theorie menschlichen Erkennens und Denkens, die somit Riedl mit Konrad Lorenz und Sir Karl Popper, allerdings unabhängig von diesen, entwickelt hat – eine Entwicklung, die sich auch in der Aufsatzsammlung »Evolution und Erkenntnis« spiegelt, worin die Theorie neues Licht wirft auf vordringliche Fragen des gegenwärtigen Zeitalters.
Wenn Riedl schließlich in seinem jüngst erschienenen Opus »Die Spaltung des Weltbildes« jene Trugschlüsse unseres Denkens untersucht, die die abendländische Geistesgeschichte in »zwei Kulturen« gespalten und unser Weltbild entzweit haben, dann wird, der dabei angestrebten *Synthese* wegen, die Bedeutung und Tragweite seiner Bemühungen vollends erkennbar; erkennbar für eine so dringend gewordene »zweite Aufklärung«, durch die der Mensch vielleicht heute, zwei Jahrhunderte nach Immanuel Kant, endlich den »Ausgang aus seiner selbstverschuldeten Unmündigkeit« finden mag.

Aus Anlaß des 60. Geburtstages von Rupert Riedl am 22. Februar 1985 wurden im vorliegenden Band Aufsätze aus der Feder seiner Schüler und Freunde versammelt, die in ihrer inhaltlichen und thematischen Verschiedenheit das breite Spektrum der wissenschaftlichen Arbeiten des Jubilars ausdrücken sollen. Die Reihenfolge der Beiträge richtet sich nach der »intellektuellen Lebenslinie« des Biologen, der in seinen jüngsten Werken entscheidend in die Diskussion allgemein anthropologischer und philosophischer Fragen eingegriffen und neue Akzente in dem Dialog zwischen den Disziplinen gesetzt hat.

Danken möchten wir an dieser Stelle allen Mitarbeitern zu diesem Buch für ihre Bereitschaft, Originalarbeiten zu verfassen, sowie dem Verlagshaus Paul Parey und hier insbesondere Herrn Dr. Rudolf Georgi für sein stets verständnisvolles Entgegenkommen.

Wien und Tübingen, im Winter 1984 — Die Herausgeber

Inhaltsverzeichnis

Wege zur Evolutionären Erkenntnistheorie

Konrad Lorenz

Bahnbrechende neue Erkenntnisse entspringen nur selten dem Hirn eines einzelnen Menschen. Viel häufiger kommen mehrere »verwandte Geister« gleichzeitig auf dieselben Gedanken. Die nahezu genau gleichzeitige Entdeckung der Selektionstheorie durch Charles Darwin und Russel Wallace bildet das klassische Beispiel. Rupert Riedl erklärt dieses, auf allen Ebenen menschlichen Forschens durchaus nicht seltene Vorkommnis daraus, daß in der heutigen Welt jeder einigermaßen gebildete Mensch durch die Vielzahl der Medien so weit über die relevanten Tatsachen der verschiedensten Naturwissenschaften informiert ist, daß ähnlich strukturierte Geister mit großer Wahrscheinlichkeit gleiche Schlußfolgerungen aus ihnen ziehen. Dies ist sicher weitgehend richtig, um so interessanter aber ist die Vielfältigkeit der Ausgangspunkte wie der Wege, auf denen die Evolutionäre Erkenntnistheorie von mehreren Männern ziemlich gleichzeitig gefunden und formuliert worden ist: in alphabetischer Folge Campbell, Lorenz, Popper, Riedl und Vollmer, fast ein Jahrhundert vor diesen aber Ludwig Boltzmann.

Ich will hier nur über die Wege berichten, die Rupert Riedl und ich gegangen sind, da mir die der anderen ungenügend bekannt sind. Eine uns beiden als sicher geltende Tatsache ist die, daß die Evolution stattgefunden hat. Es bedeutet eine krasse Verkennung der Tatsachen, wenn man, wie es heute noch verschiedene, nicht naturwissenschaftlich denkende Leute tun, von einer »Unsicherheit« der Evolution spricht. Die Mechanismen der Evolution sind durchaus nicht vollständig bekannt, wir wissen zwar, daß Variation und Selektion die wichtigsten Faktoren sind, daneben gibt es aber noch eine Reihe von Einzelheiten, die Rupert Riedl in seinem Buch »Strategie der Genesis« besprochen hat. Wenn die Ursachen und Mechanismen des großen organischen Werdens auch durchaus noch nicht vollkommen durchleuchtet sind, ist doch die Tatsache, *daß* es stattgefunden hat, so sicher, daß es geradezu abwegig erscheint, sie zu bezweifeln. Es ist eine schlechthin sichere Tatsache, daß alles, was da lebt, in einem äonenlangen Werden aus einer gemeinsamen Wurzel entstanden ist. Dies als eine »Theorie« zu bezeichnen ist einfach falsch und ebenso hirnrissig, wie etwa der Glaube an die Hohlwelttheorie oder die Vorstellungen Dänikens.

Ich werde in dieser kleinen Schrift wiederholt von der Selbstverständlichkeit, ja, Banalität der Evolutionären Erkenntnistheorie zu sprechen haben; ich behaupte nämlich, daß die Anerkennung ihrer Selbstverständlichkeit nur durch eine philosophisch-ideologische Voreingenommenheit mancher Menschen verhindert wird. Eine große Übereinstimmung zwischen Riedl und mir liegt im Fehlen dieser Voreingenommenheit, also nicht nur darin, daß wir bestimmte Tatsachen wußten, sondern mehr noch darin, was wir zu unserem Glück *nicht* wußten. Erlerntes Wissen bedeutet immer, daß im Zentralnervensystem gewisse Strukturen entstanden sind, die gewisse Informationen festhalten. Strukturen sind als Stützen grundsätzlich unentbehrlich, doch muß ihre Stützfunktion immer durch den Verlust von Freiheitsgraden erkauft werden. Ein Mensch, dem von frühester Kindheit eingebläut worden ist, daß Seelisches und Körperliches zwei völlig verschiedene Wesenheiten seien, daß nur das Geistige Wert habe, das Körperliche aber mehr oder weniger verächtlich sei, daß alles Vergängliche nur ein Gleichnis sei, usw., dem wird es sehr schwer gemacht, die ideologische Mauer zu durchbrechen, die zwischen Natur- und Geisteswissenschaften errichtet worden ist. Selbst sehr selbständige Denker scheitern an dieser Aufgabe.

Mir war sie von Kindheit an nicht gestellt. Die Mißachtung aller Geisteswissenschaften, die ich in treuem »jurare in verba magistri« von meinem Lehrer Oskar Heinroth geerbt hatte, habe ich bis ins reifere Lebensalter aufrecht erhalten. Erst spät wurde ich gegen die Philosophen toleranter und gestand ihnen das Recht zu einer eigenen Meinung zu. Die Folge dieser Intoleranz war begreiflicherweise eine geisteswissenschaftliche Unbildung, die meine Freunde in treffendem Scherze nicht als ignorantia totalis, sondern als innocentia alba absoluta bezeichneten. Was ich gewissermaßen unabsichtlich tat, vollzog Riedl in einem energischen Entschluß. Er löste das Dilemma der Spaltung des modernen Weltbildes in Natur- und Geisteswissenschaften dadurch, daß er als Ausgangspunkt nur die ersteren benutzte und die Geisteswissenschaften als Wissensquellen bewußt vernachlässigte. Alles, was wir beide schrieben, war vom Standpunkte des »philosophisch unverbogenen« Denkers aus gesehen.

Für einen Menschen, der in den Grundfesten seiner Überzeugung weiß, daß *auch er selbst* ein Produkt stammesgeschichtlichen Werdens ist, muß es als eine höchst banale Erkenntnis erscheinen, daß derselbe Vorgang des organischen Werdens, der auch seine Sinnesorgane, seine Muskeln, Sehnen, usw. entstehen ließ, die Organisation seiner Sinnesorgane und seines Nervensystems geschaffen hat, die ihn befähigt, die aus der Außenwelt kommenden Reize »als Erfahrung zu lesen« – wie Kant es so schön ausgedrückt hat – und daß sie aus denselben

Gründen der Außenwelt »adäquat« korrespondieren. Ich kann auch rückblikkend nicht angeben, wann mir diese Tatsache eigentlich klar wurde; ich war schon vor 1942 überzeugt, daß die Sinnesorgane und das Zentralnervensystem höherer Tiere ein Bild der realen Außenwelt entwerfen, und es schien mir sehr bald eine essentielle Aufgabe des Wahrheitsforschers zu sein, die Eigenschaften dieses Bildes, die von Gegebenheiten der realen Außenwelt abhängen, von jenen zu trennen, die durch Eigenschaften des Erlebnisapparates bedingt sind. Ich habe z. B. nie geglaubt, daß Pantoffeltierchen und ähnliche Mikroorganismen wirklich regenbogenfarbige Ränder haben, wie das wenig achromatische Objektiv meines Schülermikroskops mir vortäuschte. Ich verglich die verschiedene Information, die verschiedene Tiere von ihrer Umwelt empfangen und war hierin ein treuer Schüler und Verehrer Jakob von Uexkülls, ohne jedoch je in seine Ablehnung der Evolution zu verfallen. Mir war völlig klar, daß verschiedene Lebewesen und auch verschiedene Instrumente des Menschen die Außenwelt mit verschiedener Genauigkeit abbilden. Mir war klar, daß alles, was wir erleben, nur ein Modell, ein Bild der Wirklichkeit ist, das in der groben Tastatur unserer neuralen und sensorischen Ausstattung entworfen wird. In einem Mikroskop ist die Feinstruktur eines Objektes, z. B. einer Diatomeenschale, nur dann zu sehen, wenn ihr erstes Beugungsspektrum noch innerhalb der »numerischen Apertur« des Objektivs eingefangen wird; wird es das nicht mehr, so sehen wir eine strukturlose Fläche, die braun erscheint. Schon 1942 schrieb ich, daß nur ein Narr in Anbetracht dieser Kenntnisse behaupten könne, Strukturen gäbe es nur bis zu den Grenzen der Auflösungsfähigkeiten seines eigenen Mikroskopes, alles andere sei eben braun. Besonders war es eine Frage Kants, die mir Klarheit über meine eigene Einstellung verschaffte. Er schreibt in Paragraph 11 der Prolegomena zur ›Kritik der reinen Vernunft‹: »Wollte man im Geringsten daran zweifeln, daß beide (nämlich die Anschauungsformen des Raumes und der Zeit) keine den Dingen an sich selbst, sondern bloß ihrem Verhältnis zur Sinnlichkeit anhängende Bestimmungen sind, so möchte ich wissen, wie man es möglich finden kann, a priori und also vor aller Bekanntschaft mit den Dingen, ehe sie nämlich uns gegeben sind zu wissen, wie ihre Anschauung beschaffen sein müßte, welches doch hier mit Raum und Zeit der Fall ist.« Auf diese Fragen kann die Evolutionäre Erkenntnistheorie eine einleuchtende Antwort geben. Im Gegensatz zu Hume und anderen Empiristen hatte Kant klar erkannt, daß Kategorien und Anschauungsformen vor aller Erfahrung da sein müssen, damit Erfahrungen überhaupt möglich werden. Vollmer hat in seiner Kritik gezeigt, in welchen Punkten der Kantische transzendentale Idealismus mit Anschauungen der Evolutionären Erkenntnistheorie übereinstimmt. Ich kann nicht umhin mich zu fragen, was Kant gesagt hätte, wenn man ihm auf die eben zitierte Frage mit einer Zusammenfassung aus Darwins »Origin of Species« geantwortet hätte. Ich behaupte er hätte die Sachlage ebenso schnell verstanden, wie Ludwig Boltzmann.

Der Weg Rupert Riedls war etwas anders. Er wußte unvergleichlich viel mehr über das Werden der Philosophie und bei ihm waren es nicht nur die Widersprüche zwischen Natur- und Geisteswissenschaften, sondern die inneren Widersprüche innerhalb der letzteren, die ihm das zunächst noch undeutliche Gefühl verursachten, die Menschheit habe sich durch die Inkonsequenz ihrer Ideologien und vor allem durch ihren Glauben an ein allzu hochtrabendes, geistewissenschaftlich bestimmtes Menschenbild in eine so fatale Lage hineinmanövriert. Vor allem aber erkannte Riedl klar, daß ein geisteswissenschaftliches Denken die Menschheit für ihre natürlichen Verpflichtungen blind gemacht hatte. Diese Verpflichtungen aber sind nur vom naturwissenschaftlichen Standpunkt aus erkennbar.

Riedl griff mit großer Kühnheit eine Aufgabe an, deren Riesengröße er in seiner Jugend vielleicht noch gar nicht abgesehen hat. Sein Vorgehen bezeichnet er selbstbiographisch als seine Privat-Methodologie, die man, wie er meint, als dilettantisch bezeichnen kann. Mit einer geradezu verwirrenden Vielfalt unvereinbarer Methodologien konfrontiert, und, wie schon gesagt, der Lage bewußt, in die sich die Menschheit unter der Leitung nichtnaturwissenschaftlichen Denkens selbst gebracht hat, sah sich Riedl zu einer Fragestellung veranlaßt, die man schlicht als naiv bezeichnen kann. Sie entspricht dem naiven, auf die ganze Welt gerichteten Wissensdurst, den Goethe dem Schüler in den Mund legt, als der den Mephisto um Rat fragt: »Ich wünschte recht gelehrt zu werden, und möchte Alles, was auf Erden und in dem Himmel ist, erfassen, die Wissenschaft und die Natur«. Es ist, wohlgemerkt, der Teufel in persona, der ihm daraufhin den Rat gibt: »Verehrter Freund, ich rat' Euch drum, zuerst collegium logicum, da wird der Geist Euch wohl dressirt, in spanische Stiefelchen eingeschnürt, daß er bedächtiger fortan hinschleiche die Gedankenbahn, und nicht etwa die kreuz und quer irrlichtelire hin und her«. Was der Böse hier dem Schüler rät ist geeignet, ihm für immer den Blick für ganzheitliche Zusammenhänge, für Wirkungsgefüge und Strukturen zu trüben und ihn in letzter Konsequenz zum ontologischen Reduktionismus, der Modekrankheit unserer Zeit zu verdammen.

Eine der schwersten Aufgaben für den Naturforscher ist es, das richtige Maß zu finden zwischen der nötigen Genauigkeit im Erfassen von Einzelheiten auf der einen Seite, und, auf der anderen, dem »Irrlichteliren« zwischen scheinbar unzusammenhängenden »Untersystemen« oder Teilen des Ganzen. Die Schöpfung einer wirklich neuen Erkenntnis ist immer die Frucht der Zusammenschau. Das Auffinden eines gesetzmäßigen Zusammenhanges zwischen zwei bis dahin als völlig unabhängig voneinander geltenden Systemen erschafft tatsächlich ein neues System mit bis dahin nicht dagewesenen Systemeigenschaften.

Moderne Systemtheorie hat das »Irrlichteliren« weitgehend rehabilitiert, man kann diese Tätigkeit des naiven jungen Forschers besser mit dem Verfahren eines mikroskopierenden Biologen vergleichen, der grundsätzlich jedes Objekt zuerst mit der schwächsten Vergrößerung betrachtet, um einen Überblick zu gewinnen und erst später, vom Ganzen zum Teil fortschreitend, alle Einzelheiten näher in Betracht zieht. Jeder wissensdurstige und forschungsfreudige Mensch verfährt in eben dieser Weise, wenn er zum ersten Mal mit dem Wirkungsgefüge eines komplexen Systems in Berührung kommt. Wer mit guter Fähigkeit zur Gestaltwahrnehmung begabt ist, kann gar nicht umhin, ein ganzes System, einen ganzen Lebensraum, in eben dieser Reihenfolge zu untersuchen. Wer zum ersten Mal im Meer taucht, wird Folgendes an sich erleben. Die Vielzahl der Organismen, die man zugleich erblickt und von denen jedes einzelne ganz offensichtlich einer gründlichen Einzelforschung würdig ist, kann nicht verhindern, daß man, von unwiderstehlichem Zwang getrieben, um noch eine Ecke, und noch eine, schwimmen muß um zu sehen, ob dort etwas ganz anderes los sei. Die großen Ökosysteme der Adria und des Mittelmeeres haben im Falle Rupert Riedls die scheinbar dilettantische Privat-Methodologie zu einem disziplinierten Vorgehen gemacht.

Als reifer Mann hat Riedl nun in beinahe schon frevelhafter Weise die gigantische Aufgabe in Angriff genommen, vom Standpunkte der Evolutionären Erkenntnistheorie aus, das Problem der Zwiespältigkeit von Geistes- und Naturwissenschaften zu lösen. Es gibt hochbegabte Wissenschaftstheoretiker, die diese Möglichkeit grundsätzlich leugnen. Lord C.P. Snow spricht von zwei inkommensurablen Kulturen, H. Pietschmann von zwei Straßen, deren eine zum Wahren führt, zur Sprache der persönlichen individuellen und emotionalen Probleme, von denen die andere aber intersubjektiv und von allem Emotionalen absehend zum wertfrei »Richtigen« führt. Die Naturwissenschaft, die in dieser Richtung arbeitet, konstruiert »ein Modell der Wirklichkeit, das in sich widerspruchsfrei ist und nicht im Widerspruch mit den Experimenten stehen darf. Es hat möglichst einfach, intersubjektiv überprüfbar zu sein und verschiedene Phänomene unter übergeordneten Gesichtspunkten zu vereinheitlichen. Damit ermöglichen wir uns eine Beherrschung der Welt ...«. Pietschmann ist sich sehr wohl bewußt, daß der utopische Enderfolg dieser Art von Naturforschung einen Abbau alles Menschlichen mit sich bringt und daß die endgültige Beherrschung der Welt den Untergang der Menschheit bedeutet, wenn sie ausschließlich auf dieser Straße der Erkenntnis wandelt. Es gibt Denker, die der Meinung sind, daß es nur diese Art von Naturwissenschaft gäbe und daß sie unaufhaltsam den Untergang der moralischen Welt bedeute. E. Chargaff ist dieser Meinung.

Diese pessimistische Anschauung wäre tatsächlich berechtigt, wenn es keine Naturwissenschaft vom Menschen gäbe, wenn der Mensch und die reale Welt einander als polare Gegensätze entgegenstünden, wie die Zwiespaltung des menschlichen Wissens in Natur- und Geisteswissenschaft tatsächlich nahelegt. Der Naturforscher, der von der Tatsache der Evolution überzeugt ist, betrachtet die Fragen, die für die vitalistischen Denker unbegreifliche Geheimnisse darstellen, als *Scheinprobleme*. Weil wir überzeugt sind, daß der sensorische und neuronale Apparat, der es uns ermöglicht, die aus der Außenwelt auf uns einwirkenden Reize als Erfahrungen zu lesen, nicht anders als andere Organisationen unseres Körpers im Laufe der Stammesgeschichte und in Anpassung an eine reale Wirklichkeit entstanden sind, so wundern wir uns nicht im geringsten darüber, daß er der Außenwelt »adäquat« korrespondiert. Wir wundern uns keineswegs darüber, daß er nur auf einen »mittleren Meßbereich« angepaßt ist, auf den »Mesokosmos«, wie Vollmer es nennt. Wir wundern uns viel eher darüber, wie weit dieser von praktischen Belangen selegierte Apparat ins Theoretische hinein anwendbar ist. Wir wundern uns mehr darüber, wie weit er die Lebensprobleme unserer Ahnen transzendiert als darüber, daß sehr vieles Wirkliche für ihn immer transzendent bleibt. Wir verfallen auch keineswegs in eine geistige Panik, wenn dieser Erkenntnisapparat uns Tatsachen mitteilt, die der Logik zu widersprechen scheinen. Wir finden uns schmerzlos mit dem logischen Widerspruch ab, daß dieselbe Wesenheit uns das eine Mal als Korpuskelstrahlung und das andere Mal als Welle entgegentritt und außerdem noch das unmögliche Kunststück vollbringt – wie der Vogel im jiddischen Witz – an zwei Orten zu gleicher Zeit aufzutreten. Wir wundern uns auch nicht, wenn dasselbe an-sich-Seiende einmal Energie und das andere Mal Materie »ist«. Und schließlich nehmen wir es zwar mit ehrfürchtigem Staunen, aber ohne Verwunderung hin, wenn unser Mitmensch uns das eine Mal als physiologisch und phylogenetisch erforschbares Wirbeltier entgegentritt, und das andere Mal als beseeltes, erlebendes Bruderwesen, an dessen Existenz wir so wenig zweifeln können, wie an der der Außenwelt überhaupt, wie Karl Bühler völlig überzeugend nachgewiesen hat. Die Evidenz des Du ist zwingend und macht es auch für nicht realistische Philosophen notwendig, die Existenz von gleichgearteten Mitlebewesen anzunehmen, obwohl sie doch von deren Dasein nur durch die, ach, so verachteten Sinnesorgane Kenntnis haben.

Als ich im Jahre 1940 auf Immanuel Kants Lehrstuhl nach Königsberg berufen wurde, war ich mit den Tatsachen der Evolutionären Erkenntnistheorie bereits wohl vertraut, glaubte aber in aller Naivität, daß keine Widersprüche zwischen ihr und dem transzendentalen Idealismus Kants bestünden. Ich glaubte, in den angeborenen Strukturen menschlichen Erkennens eine Erklärung für das Kantische Apriori liefern zu können. In Auseinandersetzung mit Neokantianern, in denen meine Unkenntnis der Philosophie des Meisters sehr beschämend zutage kam, wurde mir klar, daß ich, woferne ich meine festesten Überzeugungen nicht aufgeben wollte, zu einer Kritik kantischer Erkenntnistheorie verpflichtet war. Diese Aufgabe schien mir unerfüllbar, ich beschränkte mich auf die lapidare Entgegenstellung von Evolutionärer Erkenntnistheorie und Kantischer Erkenntnistheorie.

Rupert Riedl dagegen unternahm die Herkulesaufgabe, das geist
che Weltbild schlechthin einer Kritik vom Standpunkte de
Erkenntnistheorie zu unterziehen. Als eines seiner wichtigsten E
ich die Widerlegung eines Vorwurfs werten, der von geistesw
Seite nicht nur der Evolutionären Erkenntnistheorie, sondern den Naturwissenschaften im allgemeinen gemacht worden ist. Er besteht in der Vermutung, daß die Ergebnisse einer empirisch begründeten Wissenschaft grundsätzlich auf einem Zirkelschluß beruhen. Riedl und Kaspar haben gezeigt, daß der Fortschritt menschlicher Erkenntnisse ein Prozeß ist, der mit grundsätzlich gleicher Methode von der Lebensentstehung über den genetischen Wissensgewinn, über Lernleistungen und schließlich den assoziativen Erkenntnisgewinn der induktiven Erfahrungswissenschaften bis in die Prozesse der Wissenschaftsdynamik hinaufreicht. Aus der Zeitebene des Augenblicks verändert jede neue Erfahrung die *Erwartung* auf neue Erfahrungen. Die Erwartung wird spezifischer, enger und beseitigt damit, so sie erfüllt wird, bisher bestehende Irrtümer. Der dänische Dichter Piet Hein hat diesen Prozeß in einem seiner treffenden philosophischen Verse dargestellt:

> The way to wisdom? Why, it's plain,
> and easy to express:
> To err, and err, and err again,
> but less, and less and less.

Diese Anschauung trägt zwar der Erkenntnisleistung der Falsifikation gebührend Rechnung, widerspricht aber keineswegs der Tatsache, daß der Vorgang der Induktion die Schlußfolgerung vom Vielen auf's Allgemeine eine unentbehrliche Erkenntnisleistung ist. Wenn Karl Propper sie leugnet, so beruht dies darauf, daß er die Gestaltwahrnehmung, die er als Intuition bezeichnet, als Erkenntnisleistung nicht mit ins Kalkül zieht, obwohl er anerkennt, daß sie für die Hypothesenbildung unentbehrlich ist.

Rupert Riedl unternimmt eine noch größere Aufgabe, indem er die Spaltung des modernen Weltbildes in Natur- und Geisteswissenschaften dadurch auszuschalten versucht, daß er, von den Grundlagen der Evolutionären Erkenntnistheorie ausgehend, an verschiedenen Wissenschaften, aber auch an verschiedenen philosophischen Systemen zu zeigen versucht, in welcher Weise die banalen Wahrheiten der Evolutionären Erkenntnistheorie die vorhandenen Widersprüche aus der Welt schaffen können. Mit der Privat-Methodologie, die das naive »Irrlichteliren« für legitim erklärt, beschäftigt sich Riedl mit den verschiedensten Philosophen. Dabei werden die Lehren der einzelnen Denker unvermeidlicherweise abgekürzt und infolgedessen vereinfacht behandelt. Das ist sicher legitim, nur fragt sich, ob die Vereinfachung, die der geisteswissenschaftliche Forscher einem vom menschlichen Geiste geschaffenen System aufzwingt, nicht ganz andere Folgen habe, als die Vereinfachung eines biologischen Systems, wie sie bei

jeder analytischen Naturforschung selbstverständlich ist. Bei der naturwissenschaftlichen Darstellung eines philosophischen Systems ist nämlich ein höchst interessantes Phänomen zu beachten, auf das mich in einem Gespräch hier in Altenberg jüngst Carl Friedrich von Weizsäcker aufmerksam machte. Er beschrieb, wie man als Geisteswissenschaftler bei der Erforschung des Systems eines großen Denkers sich mit der Zeit so in die Anschauungen des Betreffenden versenkte, daß man sie, um sie zu verstehen, gewissermaßen zu seinen eigenen machen müßte. Es sei unumgänglich notwendig, sich in die Meinung des zu erforschenden Denkers hineinzuleben. Dies aber habe bei größerer Versenkung die Folge, daß man allmählich die Fähigkeit verliere, zu diesen Meinungen Stellung zu nehmen, da man sich zuletzt zu sehr mit ihnen identifiziert habe. Wenn einem dann plötzlich die Frage gestellt wird: »Wie stehen Sie selbst dazu?«, so sei man etwas überrascht und nicht gleich zur Antwort fähig. Etwas überspitzt kann man sagen, je mehr man über das System eines Denkers weiß, desto weniger ist man imstande, es mit dem eigenen Denksystem zu konfrontieren. Die von Weizsäcker beschriebene Erscheinung ist gewissermaßen die Kehrseite der allgemein menschlich-wissenschaftlichen Neigung, aus dem System eines anderen Denkers die Widersprüche herauszugreifen und mit schärferem Auge zu sehen, als die Übereinstimmungen. Wenn man dazu motiviert ist, den Meinungen eines Denkers entgegenzutreten, so führt diese Neigung zu Fehldarstellungen des Meinungsgegners und hebt den Wahrheitsgehalt seiner Darstellungen ungenügend hervor. Ich selbst bekenne mich schuldig, dies manchen Behavioristen gegenüber, wie Watson and Skinner, getan zu haben.
Es besteht also eine Art Ungenauigkeits-Relation zwischen der Tiefe, bis zu der man in die Gedanken eines anderen Denkers eindringt und der Schärfe, mit der man seine eigenen Meinungen von den seinen abgrenzen kann. Sicher werden Geisteswissenschaftler Rupert Riedl vorwerfen, daß er bei dem Versuch, Brücken zwischen dem Standpunkt der Evolutionären Erkenntnistheorie und den Systemen anderer Philosophen zu schlagen, ihre Meinungen nicht immer ganz gerecht dargestellt habe. Vielleicht ist das Schlagen einer Brücke zwischen Natur und Geist, wie er es anstrebt, überhaupt unmöglich, aber selbst wenn diese Unmöglichkeit grundsätzlicher Art sein sollte, kann ich nur die Worte der Seherin Mantho im zweiten Teil des Faust zitieren: »Den lieb' ich, der Unmögliches begehrt«. Ich halte dieses große Unternehmen aber nicht für unmöglich.

Das Homologietheorem in der Ultrastrukturforschung

Reinhard Rieger · Seth Tyler

Einleitung

Die Elektronenmikroskopie hat zur Entdeckung zahlreicher zusätzlicher Strukturen geführt (s. Storch, 1979 für TEM; Reuter, 1978 für SEM), mit deren Hilfe Organismen charakterisiert werden können. Mit dem Elektronenmikroskop können Strukturen sichtbar gemacht werden, die in ihrer Größenordnung gerade an der Grenze zwischen einzelnen Makromolekülen und den eigentlich morphologischen Strukturen liegen. Ein Elektronenmikroskopiker beschäftigt sich also mit Verbänden von Makromolekülen, die mit traditionellen biochemischen Methoden nicht mehr beschreibbar sind, und versucht zu verstehen, wie diese Molekülverbände in größere strukturelle Einheiten eingegliedert sind. Er beschäftigt sich also mit Morphologie, d. h. mit Strukturforschung. Trotzdem ist die Frage berechtigt, ob die Anwendung der althergebrachten morphologischen und phylogenetischen Methodik auf diesem Organisationsniveau angebracht ist.
Argumente gegen die Anwendung von elektronenoptischen Strukturen in der Systematik und phylogenetischen Forschung sind von einer Reihe arrivierter Elektronenmikroskopiker vorgebracht worden (s. Tyler, 1979). Entgegen diesen Einwänden glauben wir, daß ultrastrukturelle Merkmale sehr wohl für die Systematik verwendet werden können, wenn sie entsprechend gewertet werden, und daß sie ebenso wichtig sind wie andere Merkmale der Systematik. Wir hoffen in der folgenden Arbeit zeigen zu können, daß auf diesem Niveau jedoch größeres Augenmerk auf das Auftreten konvergenter Strukturen und funktionsmorphologischer Gesetzmäßigkeiten zu lenken ist als bei Strukturen im Bereich der konventionellen Morphologie.

Das Homologietheorem

Das Homologietheorem ist seit langem das Rückgrat der systematischen und phylogenetischen Methodik zur Aufklärung von Verwandtschaftsbeziehungen zwischen Organismen (REMANE, 1952; BOCK, 1973; RIEDL, 1975, 1978, 1980). Definitionen dieses Konzeptes erscheinen unter vielfachen Schattierungen in der Literatur und reflektieren häufig die Einstellung ihres Schöpfers. Eine relativ allgemein anerkannte Version beschreibt Homologie als Ähnlichkeit von Strukturen in Zeit und Raum (morphologische Strukturen, physiologische Abläufe, Verhaltensabläufe etc.), die durch eine gemeinsame Abstammung der diese Ähnlichkeit tragenden Formen erklärt wird. Eine solche moderne Definition der Homologie leitet sich vom Evolutionstheorem ab: als solche ist diese Definition nicht direkt zur Beobachtung und Beschreibung homologer Strukturen in verschiedenen Organismen zu verwenden (BOCK, 1973). Ein Morphologe hingegen muß mit einer Reihe von empirischen Kriterien die Homologie bestimmen (s. REMANE, 1952). Beim Vergleich verschiedener Organismen ist der Systematiker und Phylogenetiker mit vielen Ähnlichkeiten konfrontiert. Diese gliedern sich im allgemeinen in zwei Kategorien: zum einen sind es echte Homologien, zum anderen aber Ähnlichkeiten, die sich nicht auf eine gemeinsame Abstammung zurückführen lassen. Nicht homologe Ähnlichkeit, also Ähnlichkeit, die unabhängig von der gemeinsamen Abstammung entstanden ist, bezeichnen wir hier als Konvergenz. In diesem Sinne umfaßt dieser Begriff Ausdrücke wie Homoplasie und alle Untergruppen von Ähnlichkeiten wie Analogie, Parallelismus, Mimikry und dergleichen.

Die Unterscheidung von homologen und konvergenten Ähnlichkeiten ist ein zentrales Problem in der systematischen Forschung. Ähnlichkeiten werden unabhängig von ihrer kausalen Erklärung festgestellt (s. BOCK, 1973; RIEDL, 1978). Die Gründe sind natürlich für homologe und konvergente Ähnlichkeiten verschieden, wie dies oben ausgeführt wurde. Der Grund für homologe Ähnlichkeiten liegt in der genealogischen Kette mit einem gemeinsamen Vorfahren; der Grund für die Konvergenz liegt unter anderem in der Tatsache, daß verschiedene Organismen im selben Habitat unter dem Einfluß der selben Selektionsfaktoren stehen und daher ähnliche Strukturen in verschiedenen Linien herausgeformt haben. Außerdem spielt bei konvergenter Entwicklung die Gleichheit der Bauelemente (z. B. Collagen, Kalziumkarbonat, Mikrotubuli) eine Rolle, da die physiko-chemischen Gesetzmäßigkeiten des betreffenden Baustoffes auch zu Ähnlichkeiten führen können.

Die Trennung homologer und konvergenter Merkmale fußt auf einer zweiphasigen Methode: Zuerst wird durch eine Strukturanalyse die Wahrscheinlichkeit für das Vorliegen von homologen Ähnlichkeiten abgeschätzt, und dann sollte im Zuge einer Funktionsanalyse mit denselben Daten getestet werden, inwieweit andere Gründe dieselben Muster von Ähnlichkeiten ebenso befriedigend erklären könnten. Die Identifizierung eines homologen Merkmales durch die Strukturanalyse sollte durch die Funktionsanalyse gestützt werden, denn diese kann Argumente gegen das Vorliegen konvergenter Bildungen beitragen. Die Funktionsanalyse von vermutlich analogen Merkmalen sollte in gleicher Weise von der Strukturanalyse unterstützt werden. In diesem Fall sollten in der Strukturanalyse Argumente gesucht werden, die gegen eine Erklärung durch gemeinsame Abstammung sprechen.

Strukturanalyse: Kriterien zur Abschätzung der Homologiewahrscheinlichkeit

Die Methoden zur Erkennung homologer Merkmale sind relativ gut untersucht. Remanes (1952) Zusammenfassung über das Homologietheorem ist noch immer die beste und umfassendste Darstellung. In diesem klassischen Werk erarbeitete Remane die grundlegenden Kriterien zur Erkennung der Homologie durch eine ausführliche Diskussion der geschichtlichen Entwicklung des Homologiebegriffes. Daraus leitete er die praktischen und theoretischen Aspekte der Homologiebestimmung ab. Riedl (1975) hat Remanes Kriterien weiter präzisiert, indem er klar darstellte, daß Kriterium 1 und 2 zu einem Kriterium zusammengefaßt werden können, und indem er besonders hervorhob, daß alle Kriterien auf Wahrscheinlichkeitskalkulationen beruhen. Obwohl Strukturen von verglichenen Organismen tatsächlich homolog sein können, wird der Systematiker lediglich eine gewisse Wahrscheinlichkeit in der Identifizierung der homologen Strukturen erreichen können. Im Lichte der Riedlschen Diskussion des Homologietheorems und im Zusammenhang mit unseren Arbeiten über vergleichende Ultrastrukturforschung über niedere Metazoen haben wir nun die Remaneschen Kriterien neu definiert:

Kriterium 1 Ähnlichkeiten, welche als homolog angesehen werden, haben ähnliche Lagestruktur. Homologe Strukturen haben ähnliche Positionen in bezug auf andere Strukturen im Organismus wie auch Ähnlichkeiten in der Lage der Substrukturen. Daraus ergibt sich für jedes Homologon eine Verschachtelung von Lagebeziehungen zu anderen Homologa und zu den Substrukturen, wo sie bis in den molekularen Bereich fortgesetzt werden kann. Ähnlichkeit in der »Lagestruktur« physiologischer und embryologischer Merkmale oder Verhaltenscharakteren ist gegeben durch die Position ähnlicher Strukturen im Zeitablauf. Je größer der Grad der Ähnlichkeit in der Lagestruktur und in der zeitlichen Sequenz zweier oder mehrerer zu untersuchender Strukturen ist, desto größer ist die Wahrscheinlichkeit, daß Homologa vorliegen.

Kriterium 2 Sogar Unähnlichkeit kann als homolog gedeutet werden, wenn zwei unähnliche Strukturen durch eine Sequenz von Zwischenformen verbunden sind. Solche Sequenzen sind normalerweise zeitlicher Natur. Es sind dies die Sequenzen der Ontogenese oder jene der morphologischen Reihen. Je kompletter die Sequenz ist, d. h. also je größer die Anzahl von Zwischenformen ist, desto höher ist der Wahrscheinlichkeitsgrad der Homologie.

Kritierum 3 Ähnlichkeiten können als homolog gedeutet werden, wenn sie in ihrer Verteilung in der zu untersuchenden Organismengruppe mit anderen Ähnlichkeiten zusammenfallen. Homologe Merkmale treten in einer Gruppe ähnlicher Organismen häufig in der Mehrzahl auf. Je mehr homologe Merkmale in ihrer Verteilung in der zu untersuchenden Gruppe zusammenfallen, desto größer ist die Wahrscheinlichkeit der Richtigkeit des einzelnen Homologons.

Von diesen drei Kriterien ist Kriterium 1 immer zuerst anzuwenden, und es stellt damit das zentrale Dogma des Homologietheorems dar (s. Bock, 1973). Die Wahrscheinlichkeit der Homologie wird danach positiv oder negativ ergänzt durch die Wahrscheinlichkeiten der Kriterien 2 und 3.

Das erste Kriterium ist eine Zusammenfassung von Remanes erstem und zweitem Kriterium. Remane unterschied die Ähnlichkeit der Lage und die der speziellen Struktur. Wie schon oben hervorgehoben, hat Riedl (1975) gezeigt, daß diese beiden Kriterien eng miteinander verbunden sind und je nach der Blickrichtung (vom Merkmal zum übrigen Organismus nach außen = Kriterium der Lage, vom Merkmal auf die Lagebeziehungen seiner Substrukturen nach innen = Kriterium der speziellen Struktur) zu einem Kriterium der »Lagestruktur« zusammengefaßt werden können. Mit diesem zentralen ersten Kriterium kann demnach jene Verschachtelung der homologen Merkmale (Homologa) beschrieben werden, welche Riedl (1975, 1977) als die »Hierarchie der Homologa« benannt hat.

Kriterium 2 entspricht Remanes Kriterium 3. Das klassische Beispiel hier ist die Homologisierung der inneren Ohrknöchelchen der Säugetiere mit dem Kiefergelenk der Fische. Zwischenformen in den primitiven Gnathostomen und den Reptilien sind bekannt, welche die Transformation des Kiefergelenks in die Gehörknöchelchen deutlich machen (s. Crompton & Parker, 1978, als eine neue Darstellung dieses alten Fragenkomplexes). Auf ultrastruktureller Ebene sei auf die Verwendung dieses Merkmals in der Studie von Rieger & Rieger (1976) über die Evolution der Kutikula bei den Spiraliern verwiesen oder auf die von Pickett-Heaps (1979) vorgeschlagene Transformationsreihe des Phycoblasten der Algen zum Phragmoblasten der Landpflanzen durch intermediäre Formen mit persistierenden interzonalen Spindeln.

Unser drittes Kriterium ist eine Zusammenfassung der Remaneschen Hilfskriterien. In diesem letzten Schritt der Strukturanalyse wird die Verteilung und Korrelation der homologen Merkmale im Verhältnis zueinander untersucht. Die mathematischen Methoden, die von Farris (1969), Estabrook et al. (1977) und anderen für die Gewichtung von Merkmalen und für deren phylogenetische Interpretation entwickelt wurden, stellen unserer Auffassung nach die erste Quantifizierung dieses letzten Schrittes in der Homologieanalyse dar. Als Beispiel der Verwendung dieses Kriteriums im Ultrastrukturbereich möchten wir wieder Pickett-heaps (1979) zitieren. Dieser Autor hebt ein gemeinsames Auftreten von homologen Ähnlichkeiten im Mechanismus der Zytogenese (der Merkmalskomplex Phycoblast oder Phragmoblast) und speziellen Merkmalen der motilen Zellen und der Präsenz spezifischer Enzyme in den »microbodies« hervor. Die Wahrscheinlichkeit der Homologie für die beiden Cytokinesemechanismen wird damit positiv verstärkt.

Funktionsanalyse: Kriterien zur Erkennung von Konvergenz

Das Erkennen homologer Merkmale endet nicht mit der Verwendung der Homologiekriterien. Gleichermaßen ist es nötig zu zeigen, daß die hier untersuchten Ähnlichkeitsmuster nicht ebenso gut als konvergent angesehen werden können, d. h. als Ähnlichkeiten, deren Ursachen nicht in der gemeinsamen Abstammung liegen. Remane (1952) diskutiert unmittelbar im Anschluß an die theoretische Erarbeitung der Homologiekriterien die Methoden, mit denen Konvergenzen (Analogien in der Remaneschen Terminologie) abgewogen werden können. Wir unterscheiden hier zwischen inneren und äußeren Ursachen der Konvergenz. Für die Konvergenz aus äußerer Ursache gibt Remane auch eine detaillierte Beschreibung eines methodischen Kriteriums. Es ist die Lebensformanalyse, in welcher aus der statistischen Korrelation von Merkmalen mit bestimmten Biotopen (oder im weiteren Sinne mit bestimmten Umweltbedingungen) die Wahrscheinlichkeit vorliegender Konvergenz abgeschätzt werden kann. Mit anderen Worten: systematische Merkmale werden hier im Zusammenhang mit ihrer Funktion in der Umwelt betrachtet (s. a. Bock, 1980). Riedl (1962, 1966) konnte zeigen, daß Merkmalskorrelationen mit bestimmten Lebensräumen oder Umweltbedingungen noch weiter in zwei Gruppen zu zerlegen sind: nämlich jene Korrelationen, die ihre Ursache in der konvergenten Einwanderung in einen bestimmten Lebensraum haben (= die Lebensformanalyse Remanes im engeren Sinne), und solche Korrelationen, die durch die Evolution einer Gruppe in ein- und demselben Lebensraum verursacht werden (= die Lebensortanalyse Riedls). Beide Analysen können dazu benutzt werden, die aus der Homologieanalyse gewonnenen Muster homologer Merkmale unter dem Gesichtspunkt der funktionellen Beziehung Organismus-Umwelt zu überprüfen.

Die inneren Ursachen können heute in zwei Gruppen zerlegt werden. Einmal sind es die von Riedl (1975, 1977) aufgezeigten Einschränkungen wachsender Systeme, zum anderen sind es die physiko-chemischen (biomechanischen) Gesetze der Baumaterialien der Organismen.

Für die Untersuchung von konvergenten Strukturen am Ultrastrukturniveau können wir den Begriff der Umwelt erweitern und sie als die Umwelt von Mikroorganen, Zellen oder subzellulären Strukturen ansehen. Die Umwelt von Mitochondrien z. B. ist das Cytoplasma mit verschiedenen Parametern für pH, Ionenkonzentration, Osmolarität etc., die Umwelt der Kollagenfasern ist die extrazelluläre Grundsubstanz des Bindegewebes mit ähnlichen restriktiven Variablen.

Genauso wie homologe Merkmale in der Strukturanalyse nicht durch die Definition der Homologie erkannt werden können, müssen für die Konvergenzanalyse spezifische Kriterien entwickelt werden, die die Wahrscheinlichkeit des Vorliegens von Konvergenz abwägen. Die Kriterien der Konvergenzanalyse sind zwangsläufig von restriktivem Charakter in dem Sinne, daß sie die Wahrscheinlichkeit von nicht-homologen Strukturen identifizieren. Sie versuchen die Wahrscheinlichkeit zu ermitteln, mit der ähnliche Strukturen durch funktionelle Restriktionen (entweder innerliche Material- oder Systemrestriktionen oder äußerliche, umweltbedingte Einschränkungen) entstanden sein könnten.
Die hier vorgelegten Kriterien stellen einen ersten Versuch dar, die Suche nach konvergenten Ähnlichkeiten logisch zu fassen. Die weitere quantitative Verfeinerung der Konvergenzkriterien und deren Beziehung zu den Homologiekriterien wird in Zukunft sicherlich einer der wesentlichsten weiteren Schritte in der theoretischen Morphologie sein.

Kriterium 1 Der Verdacht auf ein Vorliegen konvergenter Ähnlichkeit steigt mit deren Korrelation mit bestimmten Umweltbedingungen, d. h. wenn sie unter dem Einfluß desselben Selektionsdruckes stehen (Lebensformanalyse und Lebensortanalyse). Während in der Lebensformanalyse die konvergenten Merkmale aufgedeckt werden können, mahnt die Lebensortanalyse vor dem möglichen Vorliegen paralleler Entwicklungstrends innerhalb einer im ursprünglichen Habitat entfalteten Gruppe.

Kriterium 2 Der Verdacht auf ein Vorliegen konvergenter Ähnlichkeiten steigt mit deren Korrelation mit identischen Baustoffen, welche durch ihre physikochemischen Limitationen die Selektionslösungen einengen können. Mit anderen Worten: die Wahrscheinlichkeit der Konvergenz ist umgekehrt proportional zur Anzahl der Strukturlösungen für eine gegebene Funktion (s. KERLING, 1963 zum Thema von parallelen Entwicklungstrends).
Diese beiden Kriterien stellen das zentrale Theorem der Konvergenzanalyse dar. Weitere Kriterien werden zweifelsohne noch erarbeitet werden. Wir möchten hier nur noch zwei anführen, die nützlich erscheinen und von der Logik unserer Hauptkriterien mehr oder weniger deutlich abgesetzt sind:

Kriterium 3 Der Verdacht auf konvergente Ähnlichkeiten besteht, wenn Strukturen durch verschiedenen ontogenetischen Ursprung entstanden sind.

Kriterium 4 Der Verdacht auf konvergente Ähnlichkeiten besteht, wenn sie unter dem Einfluß eines gemeinsamen ähnlichkeitsabhängigen Selektionsdrucks stehen (z. B. Selektionsdruck für Co-Evolution).

Zur Veranschaulichung des ersten Konvergenzkriteriums sei hier auf Remanes Lebensformanalyse der wurmförmigen Körperform sandbewohnender Mikrofauna und Riedls Lebensortanalyse der sandbewohnenden Turbellaria-Kalyptorhynchia hingewiesen. Die wurmförmige Körperform von Tieren im Sandlückensystem ist wahrscheinlich konvergent entstanden, da Wachstum in diesem speziellen dreidimensionalen Raum in einer Achse bevorzugt ist. Sandlückenbewohner werden in dem Merkmal »wurmförmige Körperform« Ähnlichkeiten zeigen, wo Verdacht auf vorliegende Konvergenz herrscht. Findet man Ähnlichkeiten zwischen wurmförmigen Arten, die in anderen Lebensräumen wohnen (z. B. wurmförmige Repräsentanten aus Phytal- oder Pelagialgebieten), in welchen kein so strenger Selektionsdruck auf die Ausdifferenzierung wurmförmiger Gestalt vorliegt, dann ist der Verdacht auf Konvergenz in diesem Merkmal geringer und die Wahrscheinlichkeit der homologen Ähnlichkeit steigt. Riedl (1962, 1966) konnte zeigen, daß die Turbellaria-Kalyptorhynchia besonders gehäuft in Sandbiotopen auftritt, und darüber hinaus, daß es gerade die Untergruppe der Schizorhynchia ist, die fast ausschließlich auf diesen Lebensraum beschränkt und daher wohl in diesem entstanden ist. Alle Kalyptorhynchia sind durch ein charakteristisches rostrales Rüsselorgan ausgezeichnet. Die strikte Korrelation des sogenannten Spaltrüssels der Schizorhynchia mit dem Sandbiotop legt nahe, den Spaltrüssel als besonders an dieses Biotop angepaßt zu bezeichnen, und damit besteht der Verdacht auf eine parallele Entstehung dieses Rüsseltypes. Wir nehmen heute aufgrund der Strukturanalyse dieses Rüssels an, daß es sich hier um eine homologe, einmal entstandene Ähnlichkeit handelt. Es wäre möglich, daß durch neue ultrastrukturelle Befunde an dem Spaltrüssel der Schizorhynchia das Vorliegen von Parallelentwicklungen aufgezeigt werden könnte.

Bei der Analyse mit Hilfe des ersten Konvergenzkriteriums kommt es auf die statistische Auswertung von Korrelationen von Merkmalen und den Habitaten oder Lebensstilen der Organismen an (s. Remane, 1933, und Swedmark, 1964 zur marinen Mikrofauna). Um das zweite Konvergenzkriterium mehr zu erhellen, möchten wir hier anfügen, daß man von derselben chemischen Substanz in einem ähnlichen oder gleichen Milieu (z. B. Kollagen oder kristallisierende Salze) die Bildung von ähnlichen Strukturen erwarten kann. D'Arcy Thompson (1948) sagt schon: »There are innumerable phenomena of form which are more or less specific manifestations of ordinary physical law«. Kalziumkarbonat als ein wichtiges Skelettelement bei Tieren wird unter bestimmten Bedingungen als hexagonaler Kalzit und unter anderen als orthorhombischer Aragonit kristallisieren. Die Morphologie der Kristalle wird bei entsprechenden Umweltbedingungen daher immer dieselbe sein. Diese Art von Ähnlichkeit ist von Pantin (1966) als »chemical identity« bezeichnet worden, welche er von dem Konzept der Analogie abtrennt. Wir betrachten chemische Identität im Sinne Pantins als eine innere Ursache für das Auftreten von Konvergenz.

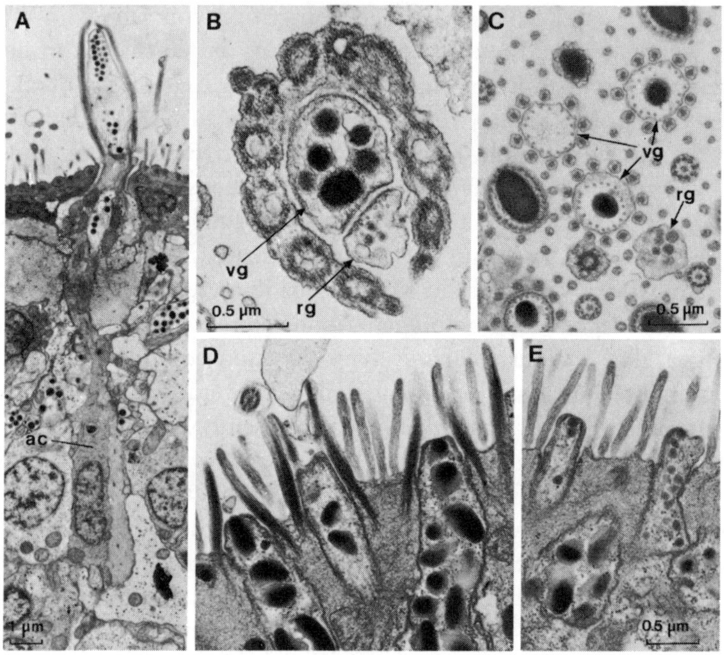

Abb. 1. Haftorgane von Turbellarien. *A* = Längsschnitt, *B* = Querschnitt des Haftorgans von *Macrostomum hystricinum marinum,* ein primitives Turbellar, in welchem die Klebedrüse und Ablösungsdrüse gemeinsam von einem Ring von Mikrovilli umgeben sind, welche mit intermediären Filamenten in der spezialisierten Epidermiszelle (Verankerungszelle) verankert sind. *C–D* = Haftorgane von Turbellarien, in welchen nur die Klebedrüse von einem Ring von Mikrovilli umstellt ist. Die Ablösungsdrüse mündet außerhalb dieses Ringes in der Verankerungszelle. *C* = *Messoplana falcata,* North Carolina Form. *D–E* = Typhloplenoides Turbellar, Hälse der Drüsenzellen im Längsschnitt, in *D* Klebedrüsen, in *E* Ablösungsdrüsen. *ac* = Verankerungszelle, *rg* = Ablösungsdrüse, *vg* = Klebedrüse.

Als Beispiel aus der modernen Ultrastrukturforschung möchten wir noch STUESSYS (1979) Diskussion der epikutikularen Wachse auf Blättern anführen. Umweltbedingungen haben höchstwahrscheinlich einen großen Einfluß auf die Wachsmorphologie, und morphologische Ähnlichkeiten sind daher wahrscheinlich nicht Hinweise auf phylogenetische Verwandtschaft, sondern eher konvergente Muster.

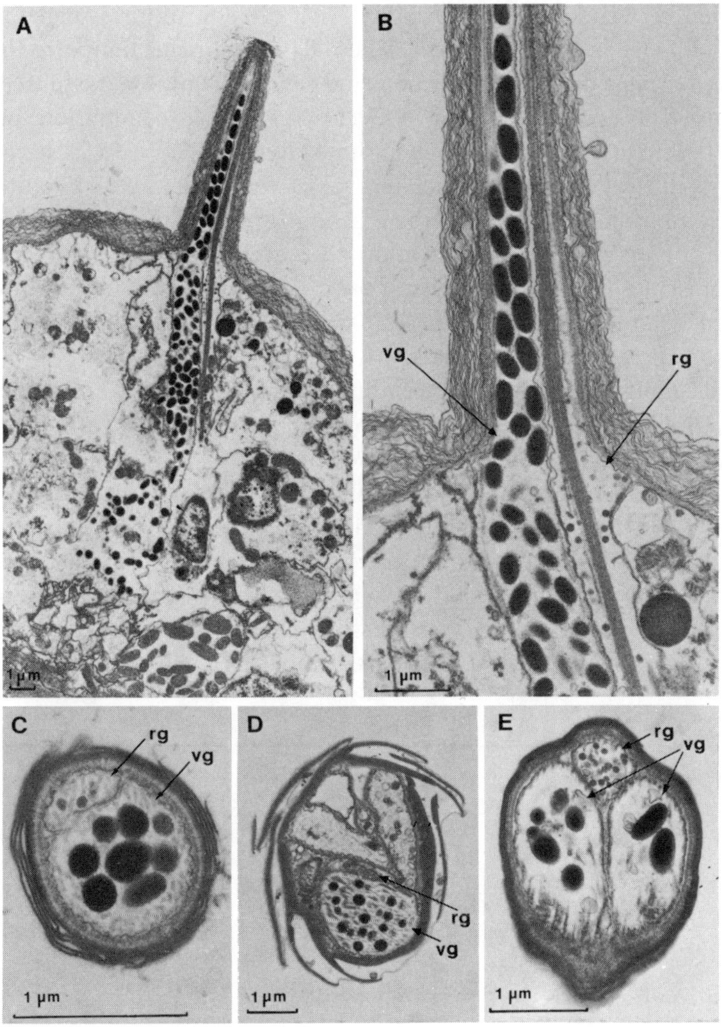

Abb. 2. Haftorgane in Gastrotrichen. *A* = Laterale Haftröhren von *Turbanella c.f. ocellata*. Das Soma der Ablösungsdrüse ist sichtbar. *B* = Wie *A*, stärker vergrößert. Die Lagebeziehung der Drüsenhälse von Haft- und Ablösungsdrüse zur Epidermis und Kutikula ist ersichtlich. *C* = Haftröhrchen von *Urodasys* im Querschnitt. *D* = Querschnitt durch eine Hälfte der Furka von *Xenotrichula sp. E* = Querschnitt eines Haftröhrchens aus der paarigen ventralen Pharynx-Haftröhrchengruppe. *vg* = Klebedrüse, *rg* = Ablösungsdrüse.

In der weiteren Fassung des zweiten Kriteriums möchten wir den Systematiker dazu anhalten, die Wahrscheinlichkeit von Konvergenz zu überprüfen, indem untersucht wird, wieviele strukturelle Lösungen für eine bestimmte Funktion von Organismen verwendet wurden, und wie sich diese Strukturlösungen statistisch in den verschiedenen Tiergruppen verteilen. Es gibt nur eine limitierte Anzahl von Möglichkeiten, mit denen Organismen eine gewisse Funktion ausführen können, einfach als Konsequenz des von PANTIN (1951) als »limitation of organic designs« bezeichneten Gesetzes (s.a. SCHARRER, 1946, und LORENZ, 1973). Daher ist es notwendig, die Möglichkeit, daß zwei unverwandte Evolutionslinien ähnliche Strukturen ausgebildet haben, genau zu prüfen. Es kann sein, daß diese »limitation of organic designs« im ultrastrukturellen Bereich häufiger ist als im makroskopischen Bereich, wie GRIMSTONE (1959) und PANTIN (1966) argumentiert haben. Damit erweist sich dieses Kriterium als eines von spezieller Bedeutung für die Ultrastrukturforschung.
Als Beispiel möchten wir die Verwendung dieses Kriteriums anhand der neuen ultrastrukturellen Merkmale der Haftorgane von Sandlückenraumbewohnern noch weiter erläutern (Abb. 1–3, s.a. BOADEN, 1968). Die hier zur Diskussion stehende Funktion ist das kurzfristige Anheften an das Substrat. Funktionell kann man dabei 3 Elemente unterscheiden: das eigentliche Anheften, das Hängenbleiben und das Loslösen. Ersteres erfordert einen Klebstoff, zweiteres Strukturen, welche Spannung und Zug aushalten können, und das dritte einen Mechanismus des Lösens der Verankerung am Substrat. Wenn man nun die strukturellen Lösungen zu diesen drei, für kurzfristiges Anheften wesentlichen, Funktionsele-

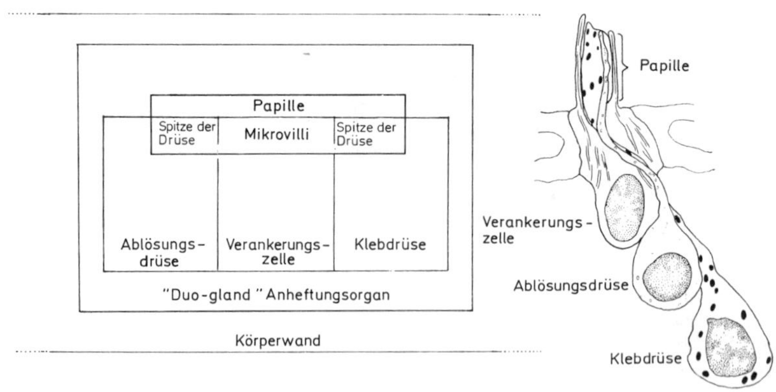

Abb. 3. Die logische Verschachtelung der Untermerkmale des Duogland-Adhäsiv-Systems bei dem Strudelwurm *Myozonaria jenneri*.

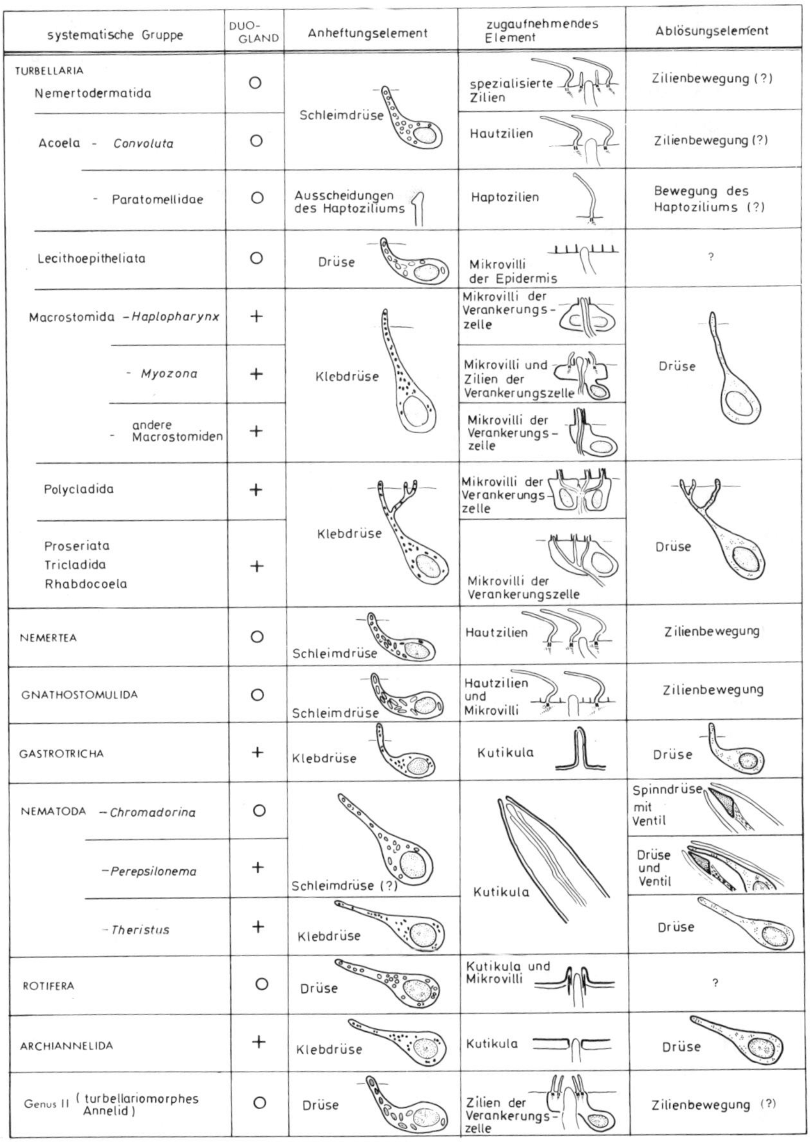

Abb. 4. Die Haftorgane zum kurzfristigen Anheften bei den niederen Würmern sind hier vergleichend aufgeführt, wobei die verschiedenen strukturellen Lösungen der drei Funktionselemente (Anheften, Loslösen, Spannungsübertragung) mit einfachen Diagrammen angedeutet sind. Haftorgane, welche dem Duogland-Adhäsiv-System angehören, sind mit »+« in der entsprechenden Spalte ausgewiesen.

menten in der Sandlückenfauna überprüft, gelangt man zu folgendem Bild (s. Abb. 4). Nahezu 70 % der Organismen verwenden eine strukturelle Lösung, die heute als das Duogland-Adhäsiv-System gut bekannt ist. Anheftung und Loslösung sind in diesem System durch zwei charakteristische Drüsen gegeben (s. Abb. 3). Die Übertragung der Spannung vom Substrat auf den Organismus erfolgt entweder über Mikrovilli oder Kutikularstrukturen (Abb. 1, 2). Neben diesem Duogland-Adhäsiv-System gibt es noch zwei weitere breite Gruppen von Strukturlösungen: einmal sind es spezielle Zilien (Haptozilien) oder aber verschiedene Systeme, die mit nur einem Drüsentyp operieren. Das Duogland-Adhäsiv-System tritt nun sehr weit verbreitet in verschiedenen Tierstämmen auf (z. B. Plathelminthes, Gastrotricha, Annelida), welche in keiner unmittelbaren Schwesterngruppenverwandtschaft im Sinne Hennigs (1966) stehen. Damit erhebt sich die Frage, ob das Auftreten des Duogland-Adhäsiv-Systems in diesen Formen auf eine weiter entfernte gemeinsame Stammgruppe zurückzuführen ist und innerhalb der einzelnen Evolutionslinien unabhängig voneinander erhalten geblieben ist, oder ob das Auftreten des Duogland-Adhäsiv-Systems in verschiedenen Evolutionslinien als konvergente Entwicklung gedeutet werden soll. Zur Beantwortung dieser Frage erweist sich die Analyse mit Hilfe des zweiten Konvergenzkriteriums als nützlich.

Die Wahrscheinlichkeit des Vorliegens von Konvergenz sinkt mit der Anzahl der für diese Funktion gefundenen Strukturlösungen (Haptozilien, Tyler, 1973; Duogland-Adhäsiv-System, Hermans, 1983; verschiedene einzellige Drüsensysteme, s. Abb. 4). Im Falle eines Vorliegens nur einer Strukturlösung würde nämlich der berechtigte Verdacht entstehen, daß dies der einzig mögliche Weg sei, welcher bei den gegebenen Grundmaterialien die betreffende Funktion erfüllen kann. In unserem Falle des Duogland-Adhäsiv-Systems würde also die Wahrscheinlichkeit von Konvergenz wegen der gefundenen Strukturlösungen abnehmen. Da aber die Häufigkeit des Auftretens des Duogland-Adhäsiv-Systems mit 70 % am weitaus stärksten ist, besteht immer noch der Verdacht, daß es sich dabei um eine besonders günstige Strukturlösung handelt, welche mehrfach in nicht unmittelbar als Schwesterngruppen verwandten Evolutionslinien auftrat. Hiermit erweist sich also nicht nur die einfache Anzahl, sondern auch die Frequenz des Auftretens der Strukturlösungen für das Abwägen der Konvergenzwahrscheinlichkeit von Bedeutung. Bei dem Duogland-Adhäsiv-System ist es deshalb nicht möglich, dieses Merkmal zur verwandtschaftlichen Verknüpfung der größeren Evolutionslinien von Tierstämmen zu verwenden. Plathelminthen und Gastrotrichen, oder Anneliden und Gastrotrichen wurden

---

*Fußnote zu Abb. 4: Die Information ist folgenden Arbeiten entnommen: Tyler (1973, 1976): für Nemertini, und Gnathostomulida – Tyler, (1975), Teuchert (1977), Rieger & Tyler (1979), Tyler & G. Rieger (1980) für Gastrotricha – für Nematoda Lippens (1974), Adams & Tyler (1980). – Für Rotaria – Dickson und Mercer (1966), für Annelida Tyler (1975), Martin (1978). Für Lobatocerebrum psammicola (= Genus II in Rieger & Tyler, 1979) unveröffentlichte Information von R. M. Rieger.

oftmals in phylogenetischen Betrachtungen eng miteinander verbunden (s. ausführliche Diskussion in Steinböck, 1958). Unsere Ergebnisse an den Haftorganen können aber nicht zur Unterstützung solcher Gedankengänge verwendet werden, weil die Funktionsanalyse die Wahrscheinlichkeit von Konvergenz nicht ausschließen kann. Nur in den Fällen, in welchen das Duogland-Adhäsiv-System mit weiteren Ähnlichkeiten höherer Homologiewahrscheinlichkeit zusammenfällt, kann eine Homologie des Duogland-Adhäsiv-Systems ins Auge gefaßt werden (s. Tyler, 1976, 1977). Dieser methodische Schritt ist aber jener dritte Schritt in der Strukturanalyse, welchen wir mit Riedl (1978) als Koinzidenz bezeichnen.

Für die Kriterien der Konvergenzuntersuchung ist es wichtig, die Funktion der Strukturen zu kennen (Bock, 1981), denn einem Systematiker wird es ohne ein funktionelles Verständnis nicht möglich sein, innere oder äußere Selektionsdrucke auf einen Organismus zu unterscheiden und zu erkennen, d. h. er muß die Strukturen im Zusammenhang mit den Faktoren der Umwelt und der sie bestimmenden Materialeigenschaften sehen.

Erkennen von phylogenetisch brauchbaren Merkmalen

Wir kommen nun auf das zentrale Problem zurück, welches am Beginn dieser Arbeit angeschnitten wurde, nämlich auf die Frage: wie identifiziert ein Systematiker Ähnlichkeiten in Organismen, die Relevanz für die Phylogenie oder Systematik haben?

Bei der Beantwortung dieser Frage sollte es klar sein, daß das zentrale Theorem jeder vergleichenden Wissenschaft das Homologietheorem ist. Die Identifizierung der Homologie läßt sich in zwei Prozesse teilen. Erstens muß die Wahrscheinlichkeit der Homologie durch die Strukturanalyse (Homologie-Kriterien) abgeschätzt werden, und zweitens soll die Wahrscheinlichkeit des Vorliegens von Konvergenz (oder Nicht-Homologie) mit Hilfe der Konvergenzkriterien (Funktionsanalyse) ermittelt werden. Beide Wahrscheinlichkeitsanalysen können dann gegeneinander abgewogen werden. Die Lesrichtung der Abänderungen homologer Merkmale können weiter mit Hilfe der verschiedenen phylogenetischen Hilfskriterien bestimmt werden (s. Remane, 1952, Kap. 5, »Phylogentische Gesetze als Mittel stammesgeschichtlicher Forschung«, 149–247).

Wir heben hervor, daß nicht ein einzelnes Kriterium verwendet werden kann, um das Vorliegen von Homologie oder Konvergenz zu bestimmen. Alle Kriterien der Strukturanalyse und der Funktionsanalyse müssen während eines Vergleiches verwendet werden, wenn eine wirklich schlüssige Aussage über das Vorliegen von Homologie erwartet werden soll. Wenn die Unterscheidung von homologen und konvergenten Merkmalen durchgeführt ist, wird der Systematiker natürlich die homologen Merkmale für die phylogenetische Forschung verwenden und sich darauf konzentrieren, die Verbreitung und die harmonischen Abänderungen jedes homologen Merkmals weiter zu verfolgen (s. HENNIG, 1950), weil auch durch die hierarchische Verteilung der Homologa in den Organismen die Lesrichtung von den Abänderungen einzelner Homologa innerhalb von Tiergruppen bestimmt werden kann (Hauptmethode – outgroup comparison, WATROUS & WHEELER, 1981 – s. REMANE, 1952, pp. 140–148). Der besondere Wert der Ultrastrukturforschung zum Verständnis der phylogenetischen Rekonstruktionsmethode erweist sich nun auf dem Gebiet der Konvergenzanalyse, weil konvergente Evolution auf zellulärer oder subzellulärer Ebene leichter vorstellbar ist.

Zusammenfassung

Es läßt sich festhalten, daß wir in der Verwendung der Homologie- und Konvergenzkriterien in der Ultrastrukturforschung keine grundsätzlichen Unterschiede zum makromorphologischen Bereich gefunden haben. Lediglich die Instrumente, die zur Veranschaulichung mikroskopischer oder makroskopischer Merkmale verwendet werden, sind unterschiedlich. Wir glauben nicht, daß die Größe von Merkmalen eine sinnvolle Merkmalsbegrenzung darstellt. Jedes Merkmal kann von phylogenetischem Interesse sein, wenn es mit der richtigen Methodik analysiert wird. Allein betrachtet hat jedes Merkmal nur geringe Bedeutung für die phylogenetische Rekonstruktion. Lediglich in seiner räumlichen und zeitlichen Vernetzung mit allen anderen Merkmalen eines Organismus gewinnt es seine Relevanz für die Verwandtschaftsforschung.

Literatur

ADAMS, P. J. M., & S. TYLER, 1980: Hopping locomotion in a Nematode: functional anatomy of the caudal gland apparatus of *Theristus caudasaliens spn.* J. Morph. **164:** 265–285.

BOADEN, P. J., 1968: Water movement – a dominant factor in interstitial ecology. Sarsia **34:** 125–136.

BOCK, W. J., 1973: Philosophical foundations of classical evolutionary classification. Syst. Zool. **22:** 375–392.

BOCK, W. J., 1980: The definition and recognition of biological adaptation. Amer. Zool. **20:** 217–227.

BOCK, W. J., 1981: Introduction to the symposium. Functional-adaptive analysis in systematics. Amer. Zool. **21:** 3–20.

CROMPTON, A. W., & P. PARKER, 1978: Evolution of the mammalian masticatory apparatus. Amer. Scientist **66:** 192–201.

DICKSON, M. R., & E. H. MERCER, 1966: Fine structure of the pedal gland of *Philodina roseola* (Rotifera). J. Microsc. (Paris) **5:** 81–90.

Estabrook, G. F., J. G. Strauch & K. L. Fiala, 1977: An application of compatibility analysis to the Blakith's data on orthopteroid insects. Syst. Zool. **26:** 269–276.

Farris, J. S., 1969: A successive approximations approach to character weighting. Syst. Zool. **18:** 374–385.

Grimstone, A. V., 1959: Cytology, homology and phylogeny – a note on »organic design.« Amer. Nat. **93:** 273–282.

Hennig, W., 1950: Grundzüge einer Theorie der phylogenetischen Systematik. Berlin: Deutscher Zentralverlag.

Hennig, W., 1966: Phylogenetic systematics. Urbana/Chicago, London: Univ. Ill. Press.

Hermans, C. O., 1983: The duo-gland adhesive system. Oceanogr. Mar. Biol. Ann. Rev. **21:** 283–338.

Kerling, S., 1963: Some evolutionary trends in turbellarian morphology. In: Dougherty, E. C. (Ed.): The lower metazoa. Berkely: Univ. of California Press.

Lippens, P. L., 1974: Ultrastructure of a marine nematode, *Chromadorina germanica* (Beutschli, 1874). I. Anatomy and cytology of the caudal gland apparatus. Z. Morphol. Tiere **78:** 181–192.

Lorenz, K., 1973: Analogy as a source of knowledge. Nobel Lecture, Dec. **12:** 185–195.

Martin, G. G., 1978: The duo-gland adhesive system of the archiannelids *Protodrilus* and *Saccocirrus* and the turbellarian *Monocelis*. Zoomorphologie **91:** 63–75.

Pantin, C. F. A., 1951: Organic design. Adv. Sci. **8:** 138–150.

Pantin, C. F. A., 1966: Homology, analogy and chemical identity in the Cnidaria. In: Rees, W. J. (Ed.): The Cnidaria and their evolution. New York: Academic Press.

Pickett-Heaps, J. D., 1979: Electron microscopy and the phylogeny of green algae and land plants. Amer. Zool. **19:** 545–554.

Remane, A., 1933: Verteilung und Organisation der benthonischen Mikrofauna der Kieler Bucht. Wiss. Meeresunters. Abt. Kiel **21:** 161–221.

Remane, A., 1952: Die Grundlagen des natürlichen Systems, der vergleichenden Anatomie und der Phylogenetik. Reprint. 1971. Königstein: Otto Koeltz.

Reuter, M., 1978: Scanning and transmission electronmicroscopic observations on surface structures of three turbellarian species. Zoologica Scripta **7:** 5–11.

Riedl, R., 1962: Probleme und Methoden der Erforschung des litoralen Benthos. Verhandl. Dtsch. Zool. Ges. Wien: 505–567.

Riedl, R., 1966: Biologie der Meereshöhlen. Hamburg, Berlin: Paul Parey.

Riedl, R., 1975: Die Ordnung des Lebendigen. Systembedingungen der Evolution. Hamburg, Berlin: Paul Parey.

Riedl, R., 1977: A systems-analytical approach to macroevolutionary phenomena. Quart. Rev. Biol. **52:** 351–370.

Riedl, R., 1978: Order in living organisms: a systems analysis of evolution. Translated by R. P. S. Jefferies from »Die Ordnung des Lebendigen«. New York: Wiley Interscience Publication.

Riedl, R., 1980: Homologien; ihre Gründe und Erkenntnisgründe. Verhandl. Dtsch. Zool. Ges. Berlin: 164–176.

Rieger, R., & G. Rieger, 1976: Fine structure of the archiannelid cuticle and remarks on the evolution of the cuticle within the Spiralia. Acta Zool. (Stock.) **57:** 53–68.

Rieger, R., & S. Tyler, 1979: The homology theorem in ultrastructural research. Amer. Zool. **19:** 655–664.

Scharrer, E., 1946: Anatomy and the concept of analogy. Science **103:** 578–579.

Steinböck, O., 1958: Zur Phylogenie der Gastrotrichen. Verhandl. Dtsch. Zool. Ges. 196–218.

Storch, V., 1979: Contributions of comparative ultrastructural research to problems of invertebrate evolution. Amer. Zool. **19:** 637–645.

Stuessy, T. F., 1979: Ultrastructural data for the practicing plant systematist. Amer. Zool. **19:** 621–636.

Swedmark, B., 1964: The interstitial fauna of marine sand. Biol. Rev. **39:** 1–42.

Teuchert, G., 1977: The ultrastructure of the marine gastrotrich *Turbanella cornuta* Remane (Macrodasyoidea) and its functional and phylogenetical importance. Zoomorphologie **88:** 189–246.

Thompson, D'Arcy W., 1948: On growth and form. New York: Macmillan Co.

Tyler, S., 1973: An adhesive function for modified cilia in an interstitial turbellarian. Acta Zoologica **54:** 139–151.

Tyler, S., 1975: Comparative ultrastructure of adhesive systems in the Turbellaria and other interstitial animals. Ph. D. Diss. Chapel Hill: Univ. of North Carolina.

Tyler, S., 1976: Comparative ultrastructure of adhesive systems in the Turbellaria. Zoomorphologie **84:** 1–76.

Tyler, S., 1977: Ultrastructure and systematics: An example from trubellarian adhesive organs. Mikrofauna Meeresboden **61:** 271–286.

Tyler, S., 1979: Contributions of electron microscopy to systematics and phylogeny: Introduction to the symposium. Amer. Zool. **19:** 541–543.

Tyler, S., & G. E. Rieger, 1980: Adhesive organs of the gastrotricha. I. Duo-gland organs. Zoomorphologie **95:** 1–15.

Watrous, L. E., & Q. D. Wheeler, 1981: The outgroup comparison method of character analysis. Syst. Zool. **30:** 1–11.

Übersetzt von Reinhard Rieger und Gunde Rieger. Entnommen aus Rieger, R., & S. Tyler: The Homologytheorem in Ultrastructural Research. Mit freundlicher Genehmigung der Zeitschrift *American Zoologist.* Erschienen in: American Zoologist **19:** 655–664 (1979)

Ultrastrukturen – Fundament neuer Erkenntnisse

Waltraud Klepal

Historischer Überblick

Der französische Physiker de Broglie erkannte 1924 die Welleneigenschaften von Elektronen. Basierend auf dieser Entdeckung wurde in den Zwanziger- und Dreißiger Jahren das Elektronenmikroskop von Physikern entwickelt. Dabei wurde auf die Ansprüche der Nutzer (vor allem Mediziner und Biologen) ständig Bedacht genommen. Es ist dies ein gutes Beispiel interdisziplinärer Zusammenarbeit. Das Elektronenmikroskop wurde zum verlängerten Arm des Lichtmikroskopes und die Biowissenschaften wurden um die subzelluläre und die molekulare Dimension erweitert (Sitte, 1976; Lickfeld, 1979). In der Folge entstand an den meisten einschlägigen Instituten eine Fülle analytischer Einzelstudien, deren Schwerpunkt auf verschiedenen Methoden, sowie auf der Funktion von Strukturen lag.

Rupert Riedls Weg führte in die Elektronenmikroskopie als sein Interesse Organismen galt, die zu klein waren, um ausschließlich mit lichtmikroskopischen Methoden untersucht zu werden. Bei ersten Untersuchungen hatte es sich herausgestellt, daß mit Hilfe der Elektronenmikroskope großsystematische Zusammenhänge aufgeklärt werden konnten. Dies stand im Gegensatz zur Erwartung, daß aufgrund der besseren Auflösung Einblick in die Feinsystematik gewonnen werden könnte. Am Institut für Zoologie in Wien wurden die Elektronenmikroskope gleich in den Dienst der traditionellen Forschungsrichtung, der vergleichenden Anatomie, gestellt.

Fähigkeiten, Interesse des Biologen und Methode

Der Mensch ist in besonderem Maße zum Sehen und damit zum Erkennen von Strukturen befähigt. Daraus erklärt sich vermutlich, daß in der biologischen Forschung die Strukturanalyse der Funktionsanalyse zumeist vorausgeht. Riedl

stellt fest (Riedl, 1980): »Alle Erkenntnis ist nur am Maß ihrer Kreatur zu verstehen und kann nur ihr gemäß sein«.
Bisher grenzt sich das Interessensgebiet des Biologen nach unten hin gerade dort ab, wo auch die Auflösungsgrenze des Elektronenmikroskopes liegt. Diese ist um drei Größenordnungen besser als die des Lichtmikroskopes und um sechs Größenordnungen besser als die des Auges. Die Erforschung von Ultrastrukturen wurde uns erst möglich, nachdem die Methode dafür geschaffen war. Sitte (1973) erkannte die positive Korrelation zwischen der Neuentwicklung auf methodischem Gebiet und dem Erkenntnisprozeß. Sie hat autokatalytischen Charakter und beschleunigt sich somit ständig selbst. Dieser Vorgang ordnet sich somit in den globalen Evolutionsprozeß ein, der ebenfalls den Gesetzen der Autokatalyse gehorcht (Huxley, 1953). Oeser (1976) und Riedl (1980) stellten dies in dem Modell des schraubenförmigen Erkenntnisgewinns dar. Neue Einsichten ermöglichen die Entwicklung neuer Methoden, die dann ihrerseits zu neuen Durchbrüchen führen. In der Geschichte der Naturwissenschaften sind es immer wieder methodische Entwicklungen (wie z. B. die Entwicklung der Linse), die den entscheidenden Anstoß zur Erschließung neuer Erkenntnisse und Einsichten geben (Sitte, 1976).
Allerdings sind die Korrelationen zwischen Methode und Erkenntnis in der elektronenmikroskopischen Forschung nicht nur positiv. Mit zunehmender Komplizierung und Vielfalt der Methodik nimmt auch die Spezialisierung zu. Dies macht die Verständigung schwierig und bedeutet gleichzeitig die Gefahr einer Datenexplosion. Es versteht sich von selbst, daß mit der Verbesserung der Auflösung (durch Verwendung einer besonders kurzwelligen Lichtquelle) und der Zunahme der Vergrößerung auch der Zuwachs an Information steigt. Eine Gefahr besteht nun darin, daß bei zu ausgedehntem analytischem Studium der synthetische Aspekt verlorengeht. Damit die Bedeutung jedes Detailwissens voll erkannt werden kann, muß es in den Gesamtzusammenhang eingeordnet werden, nachdem Querverbindungen hergestellt sind. Riedl (1980) wies auf den Kreislauf von Induktion und Deduktion hin. Dieser wird auch in der Ultrastrukturforschung deutlich.

Ziel der Ultrastrukturforschung

Der Wert einer Struktur für Systematik und Phylogenie ist von deren Komplexität abhängig. Wegen ihrer Kleinheit ist man geneigt, in Ultrastrukturen Kriterien für die Feinsystematik zu vermuten. Es hat sich jedoch herausgestellt, wie schon eingangs erwähnt, daß gerade mit Ultrastrukturen genügend hohen Komplexitätsgrades großsystematische Zusammenhänge aufgeklärt werden können. Es besteht eine Beziehung zwischen der Komplexität der Ultrastruktur und der

Größe der systematischen Kategorie, für die die Struktur aussagekräftig ist. Weiter besteht ein Zusammenhang zwischen der Verbreitung einer Struktur im Organismenreich und deren phylogenetischem Alter. Schon RIEDL (1975) impliziert, daß phylogenetisch alte Strukturen dem Erkennen großsystematischer Zusammenhänge dienen. Dies konnte seither anhand einiger Studien auf dem Gebiet der Ultrastrukturforschung bestätigt werden.

Folgende Ebenen steigender Komplexität sind Gegenstand der Ultrastrukturforschung: Makromoleküle, extrazelluläre Produkte, Organellen, Zellen (Spezialzellen), Zellverband (Gewebe), Mikro-Organe, Organismen, Organismenverbände. Der Schwerpunkt der ultra-ökologischen Forschung liegt auf den Organismenverbänden, alle anderen Ebenen sind vor allem für den vergleichenden Anatomen von Interesse. Besondere Aufmerksamkeit verdienen vor allem die basalen Strukturen, die, wie RIEDL (1975) erkannte, die phylogenetisch ältesten und auch stabilsten sind. Makromoleküle bis einschließlich Organellen sind in diesem Zusammenhang zu nennen. Seit dem Einsetzen der Evolution des Lebendigen verstrich ¾ der Zeit mit der Evolution der Zelle und ¼ der Zeit mit der Evolution der Eukaryonten (SITTE, pers. Mitt.).

Der Bereich der *Moleküle* interessiert den Biologen nur bedingt. Auf diesem Niveau haben wir es mit Homonomen zu tun (RIEDL, 1975; 1977), die dem Anatomen keine neue Erkenntnis liefern. Quantitative Daten müssen den Zweck haben, qualitative Aussagen zu ermöglichen.

Von den *extrazellulären Produkten* sind die Cuticularstrukturen am besten untersucht. Sie werden als ein Merkmal jeder äußeren Cuticula-Oberfläche angesehen und scheinen vielfach im Tierreich entstanden zu sein. Der Aufbau und die Zusammensetzung ihrer Schichten erlauben die Zuordnung zu den einzelnen Stämmen. Innerhalb dieser bringt erst das Zusammenwirken von Komplexität der Strukturen mit deren Anordnung und Verteilung Einblick in systematische Zusammenhänge von der Art bis zur Ordnung (KLEPAL & KASTNER, 1980) und innerhalb der Art in die Ontogenie der Strukturen (KLEPAL, 1983). Es hat sich gezeigt, daß auch anhand niedrig komplexer Systeme wie der Cuticularstrukturen aus dem Bereich der extrazellulären Produkte eine phylogenetische Entwicklung abgelesen werden kann. Drei Differenzierungsgrade sind zu unterscheiden (KLEPAL & KASTNER, 1980):

1. ein Wandel in der Komplexität,
2. eine Veränderung in der Anordnung (von einer unregelmäßigen zu einer regelmäßigen) und
3. eine Veränderung der Verteilung an den verschiedenen Körperteilen.

Die Komplexität einer Struktur drückt sich aus als die Zahl der Merkmale, die für die Beschreibung zur Verfügung steht. Die einfachste Komplexitätsstufe ist vermutlich die älteste und ist damit entweder über den gesamten Körper oder zumindest über weite Körperregionen in einer Anzahl verschiedener Tiergruppen verteilt. So findet man die Struktur ›Höcker‹ nicht nur über der gesamten Cuticula des 1. Nauplius-Stadium von Cirripediern, sondern auch über den Augen von Lepidopteren, sowie an der gesamten Körperoberfläche von adulten *Apseudes graciloides,* einer ursprünglichen Art von Tanaidaceen. Höcker werden als Normteile produziert und sind damit ein Bestandteil der Norm-Cuticula. Die cuticularen Normteile sind Merkmale geringer Bürde, dennoch scheinen sie ein Charakteristikum jeder externen Cuticula darzustellen. Sie finden sich auf Gastrotrichen (Rieger & Rieger, 1977), Priapuliden (Kirsteuer, 1976), Crustaceen (Klepal & Kastner, 1980; Klepal, 1981; Klepal, 1983; Schmalfuss, 1975, 1977, 1978) und auf Insekten (Filshie & Waterhouse, 1969). In Form und Dimension weisen die Cuticularstrukturen hohe Freiheitsgrade auf. Dies ist erkennbar an der Zahl der verschiedenen Strukturtypen, sowie all ihrer Übergangsstadien.

Ähnlich verhält es sich mit *Organellen,* die in den Zellen allgemein verbreitet sind. Von ihnen kann nur abgelesen werden, daß es sich um alte Zellmerkmale (Bausteine) handeln muß. Sie waren schon Bestandteil der Zelle, bevor sich diese noch in verschiedene Typen differenzierte und sie haben sich seit der Evolution der Eukaryonten kaum mehr verändert. Von wenigen Ausnahmen abgesehen (z. B. Chloroplasten) sind sie sowohl im Pflanzen- wie auch im Tierreich generell vertreten. Die meisten Organellen sind Normteile (Homonome). Deren Struktur kann sich mit geänderten Umweltbedingungen verändern (z. B. Mitochondrien in oxidiertem und anoxischem Milieu; Munn, 1974). Sie sind daher für die Großsystematik wertlos. Erst in ihrer Beziehung zur Zelle (oder zu deren Elementen z. B. Cilienwurzel) gewinnen sie an Bedeutung (z. B. das Cilium).

Die monociliäre Epidermiszelle ist zumeist für die Larven oder die ursprünglichen Genera einzelner Metazoengruppen charakteristisch (Zusammenstellung in Rieger, 1976). Aufgrund der Zahl und der Orientierung der Cilienwurzeln können Genera innerhalb der einzelnen Ordnungen von Aschelminthen unterschieden werden.

Die hoch komplexen Cniden gehören zu den kompliziertesten Zellbildungen im Tierreich, deren taxonomischer Wert allgemein anerkannt wird. Hadži (1963) erkannte in den Nesselkapseln für die Großsystematik verwertbares Material und nahm auch unter anderem aufgrund ihrer Struktur eine basale Stellung der Anthozoa im Cnidaria-Stammbaum an. Durch vergleichend-elektronenmikroskopische Untersuchungen konnte gezeigt werden, daß die Leserichtung des Cnidaria-Stammbaumes von den einfachen zu den komplexeren Kapseltypen verläuft. Die Untersuchung der Morphogenese hoch entwickelter Nesselkapseltypen zeigte, daß eine Rekapitulation phylogenetisch früherer Stadien stattfindet (Holstein, 1981). Damit ist es erwiesen, daß das Haeckelsche Gesetz auch auf der Ebene der Organellen Gültigkeit hat.

Spezialzellen, auf der nächst höheren Komplexitätsebene, eignen sich besonders gut für das Erkennen systematischer Zusammenhänge. Als Beispiel sind die Spermien zu erwähnen. Dabei kommt dem Akrosom, der Zahl und Stellung der Centriolen, der Zahl, Anordnung und Ausbildung der Mitochondrien besondere Bedeutung zu. Unter Bedachtnahme auf alle genannten Merkmale ist es möglich, Stämme, Klassen und Ordnungen auseinanderzuhalten. Den Merkmalen kommt dabei verschiedenes Gewicht zu: Centriole mit ihrem Verankerungsapparat und Mitochondrien sind zur Unterscheidung der Phyla gut geeignet, das Akrosom dient zur Unterscheidung von Klassen und Ordnungen. Es war möglich, die Anthozoenphylogenese anhand von Spermienstrukturen zu rekonstruieren (Schmidt & Zissler, 1979).
Andere hoch komplexe Spezialzellen sind die Cyrtocyten. Diese funktionelle Einheit gewährt Einblick in großsystematische Zusammenhänge und erlaubt die Unterscheidung von Stämmen. Wesentliche Merkmale dieser Spezialzellen sind die Ausgestaltung des Zellkörpers und dessen Lage relativ zur Reuse, sowie das Vorhandensein oder Fehlen einer Reuse und deren Aufbau und die Zahl der vorhandenen Geißeln (s. z. B. Brandenburg, 1966). Zumeist handelt es sich bei den Cyrtocyten um Einzelzellen, es kommt aber auch ein Cyrtocytengewebe vor (wie z. B. bei den Priapulida).
Neben den Geweben sind auch *Mikro-Organe* systematisch wertvoll, wie z. B. die Adhäsionsorgane der Turbellarien. Ihre Merkmale erlauben die Unterscheidung von Familien und noch deutlicher die Differenzierung von Genera innerhalb einzelner Familien (Tyler, 1977). Die Stabilität der Merkmale innerhalb eines Genus bestärkt in der Annahme, daß die Variabilität in den höheren Bereichen der Hierarchie für die Systematik signifikant ist.
Auch *innerhalb der* einzelnen *Ebenen* sind *Schichten verschiedener Komplexität* zu unterscheiden. Wir halten einfache Moleküle und Riesenmoleküle auseinander und wir unterscheiden zwischen einfachem und komplexem Organell. Zumindest drei Ebenen von Organellen verschiedener Komplexitätsgrade sind festzustellen. Organellen erster Ordnung befinden sich auf der ersten Ebene: z. B. Mikrotubuli, Ribosomen, glattes ER, Mitochondrien, Chloroplasten. (Alle genannten Strukturen sind wieder in Substrukturen spezieller Funktion zu untergliedern. Möglicherweise wird der Begriff des Organells auf das Niveau der derzeitigen Substrukturen zu verlagern sein. In diesem Fall sind dann vier Ebenen von Organellen auseinanderzuhalten.)
Organellen zweiter Ordnung entstehen aus Organellen erster Ordnung entweder als Produkt derselben oder in Verbindung mit anderen Substanzen (z. B. Centriol, Nucleolus, RER, Golgi, Lysosom, Peroxisom). Entsprechend bringt die Vereinigung von Organellen zweiter Ordnung mit ihresgleichen oder anderen Substanzen Organellen dritter Ordnung hervor (z. B. Cilium, Nucleus).
Das *hierarchische System,* das aller Ordnung zugrunde liegt, kann bis in die

Ultrastrukturen hinein verfolgt werden. Die Prinzipien sind in allen Bereichen dieselben: Durch endgültige Fixierung additiver Merkmale entstehen Strukturen höherer Organisationsstufe. Durch die Fixierung von Tubulin-assoziierten Komplexen (z. B. Dynein) entsteht aus dem Molekül Tubulin das Organell der ersten Ebene Mikrotubulus. Aus einer bestimmten Anzahl dieser Organellen in ganz spezifischer Anordnung und im Verband mit weiteren bestimmten Strukturen (pericentrioläre Strukturen) entsteht das Organell zweiter Ebene, Centriol. Aus diesem wieder entsteht im Verband mit einer Wurzel ein Organell dritter Ebene, das Cilium. Erst die Beziehung der Strukturen untereinander ergibt ein Cilium und damit eine neue Qualität. Das Cilium scheint ein potentielles Organell jeder Zelle zu sein, das auch intrazellulär auftreten kann (z. B. im optischen Organ). Wie wäre es sonst zu erklären, daß auch im Meckelschen Knorpel Cilienstrukturen (9+0) aufgefunden werden.

Aus dem hochorganisierten Organell des Ciliums entsteht im Verband mit mehreren verschiedenartigen Strukturen und Organellen (wie einem Akrosom, Mitochondrien und Nucleus) eine Struktur nächsthöheren Komplexitätsgrades, die Spezialzelle Spermium. Zwischen den einzelnen Schichten dieser soeben beschriebenen Sequenzhierarchie bestehen *Ursachenkreise* (s. a. Riedl, 1978/79). So bestimmt das verfügbare Tubulin die Zusammensetzung des Mikrotubulus, andererseits wählt auch die Struktur des Mikrotubulus die aufnehmbaren Tubulinmoleküle aus usf. Die verfügbaren Cilien bestimmen letztlich die spezielle Struktur des Spermiums und die spezielle Struktur und Funktion des Spermiums bestimmt den Bau des Ciliums (und der anderen Organellen).

Am Beispiel des Ciliums und der das Cilium zusammensetzenden Strukturen und Organellen, die zusammen jeweils Einheiten verschiedenen Komplexitätsgrades ergeben, zeigt sich sehr deutlich, Schicht für Schicht, das Gewinnen einer neuen, speziellen *Qualität.* Die jeweils untergeordneten Elemente treten miteinander in Beziehung, mit dem Ergebnis einer komplexeren neuen Einheit. Seine spezielle Qualität erhält das Cilium durch seine Beziehung zu den Zellen. Am apikalen Zellpol dient das Cilium als Fortbewegungsorgan. Am apikalen Zellpol, von einer Reuse umgeben, bewegt es als Teil der Cyrtocyten einen Flüssigkeitsstrom. Am apikalen Zellpol, eventuell auch dort eingesenkt und von einer cuticularen Scheide umgeben, ist das Cilium wesentlicher Bestandteil eines Mechano- bzw. Chemorezeptors. In die Zelle versenkt kann das Cilium Teil eines optischen Organes sein. Je nach Art, Lage und Zahl der assoziierten Strukturen ist jede der genannten Spezialzellen noch weiter differenzierbar. Es können verschiedene Modalitäten unterschieden werden, wie z. B. ein Mechano- und ein Chemorezeptor. Cilien auf der gesamten Körperoberfläche sind namengebend für die Klasse der Ciliata.

Auch im Bereich der Ultra-Ökologie zeigt sich ganz deutlich, daß der methodische Fortschritt einen Erkenntnisgewinn mit sich bringt. Mit Hilfe des Raster-

Elektronenmikroskopes können gleichzeitig mehrere Niveaus erfaßt werden wie z. B. Epiphyten, Makro-Algen, Diatomeen und Bakterien (NOVAK, 1984). Anstelle vieler aufeinanderfolgender Einzeluntersuchungen besteht jetzt die Möglichkeit, das Gesamtbild zu erfassen und Querverbindungen herzustellen. Der synthetische Aspekt wird betont. Die Beziehung der einzelnen Systeme zueinander liefert neue Information. Sie bedeutet Erkenntniszuwachs und macht somit ultra-ökologische Forschung erst möglich. Die Methoden der Feld-Ökologie, wie das Legen eines Transektes, das Nehmen unabhängiger Stichproben und das Erstellen von Zufallsverteilung werden angewendet, um qualitative und quantitative Aussagen machen zu können. Auch für die Erforschung des Meiobenthos ist die Ganzheitsmethode dem Studium einzelner Komponenten des Systems überlegen (RIEGER & RUPPERT, 1978). Kunstharz-Ausgüsse von Grabgängen stellen eine Verbindung zwischen Makro- und Ultra-Ökologie her. Nicht nur der Verlauf eines Grabganges kann so festgestellt werden, sondern es werden auch die an der Oberfläche des Grabganges lebenden Mikro-Organismen erfaßt (DWORSCHAK, pers. Mitt.).

In der Ultra-Ökologie ist ebenfalls die Sequenzhierarchie feststellbar wie auch in der Ultra-Anatomie. Den Strukturen im anatomischen Bereich entsprechen in der ökologischen Forschung die Systeme. Als System erster Ebene wären z. B. die Bakterien zu sehen. Durch Fixieren derselben auf der Substrat-Oberfläche (z. B. auf Posidonia-Blättern) entsteht ein System zweiter Ordnung, nämlich ein Film stäbchenförmiger Bakterien auf Posidonia. Dabei handelt es sich um Epiphytismus erster Ordnung. Durch das Aufwachsen von coccoiden Bakterien und Diatomeen entsteht ein System dritter Ordnung, eine Sukzession. Es liegt Epiphytismus zweiter Ordnung vor. Die Sukzessionen weisen einen verschiedenen Grad an Komplexität auf, wobei zwischen krustenförmigen, fadenförmigen und baumförmigen Makro-Algen unterschieden werden kann. Durch Aufwuchs weiterer Organismen auf diesen Algen entsteht die nächsthöhere Komplexitätsstufe, Epiphytismus dritter Ordnung.

Gleich wie in der Anatomie bestehen auch hier zwischen den einzelnen Schichten Ursachenkreise. Bestimmte Aufwuchsformen sind mit bestimmten »Substraten« korreliert. Auf Posidonia beispielsweise wachsen kettenbildende Bakterien. Von anderen Wasserpflanzen ist bekannt, daß sie ihren Stickstoff-Phosphor-Stoffwechsel über Bakterien bestreiten. Auch hier bestehen Ursachenkreise: die verfügbaren Bakterien bestimmen die Zusammensetzung des Bakterienfilms auf Posidonia, andererseits wählt auch die vorhandene Wasserpflanze die aufnehmbaren Bakterien zum Bestreiten ihres Stickstoff-Phosphor-Stoffwechsels aus.

Die Forschungskriterien sind für die Ultrastrukturen dieselben wie im lichtoptischen und im makroskopischen Bereich. Die Anatomie und Morphologie stützt sich auf die Homologiekriterien von REMANE (1956). Auch in der Ökologie gelten einheitliche Regeln, unabhängig von der Dimension. Das findet seinen

Niederschlag im verwendeten Vokabular. Begriffe wie Sukzessionen, Assoziationen, (Raum-)Konkurrenz, primärer, sekundärer und tertiärer Epiphytismus (hierin zeigt sich der Schichtenbau besonders deutlich), Lückenraumsystem, Besiedlungsdichte, Expositionszeit, Interaktionen usw. werden in der Ökologie allgemein verwendet, gleichgültig in welcher Dimension. Ebenso spielen auch in der Ultra-Ökologie Faktoren eine Rolle wie: Wasserbewegung, Temperatur, Licht, Nahrungsangebot, Salinität, Wachstumsrate, Besiedlungsdichte, Wirt, Räuber, Beute, trophisches Niveau usw.

Ein eigenständiges Problem, das in der Ultra-Ökologie Aufklärung finden wird, sind die Grenzschicht-Phänomene. Diese gewinnen sowohl an tierischen Oberflächen (z. B. an der Cuticula mit ihren Strukturen; KLEPAL & KASTNER, 1980; KLEPAL, 1983) wie auch an pflanzlichen Substraten (z. B. an Posidonia; NOVAK, 1984) Bedeutung. Innerhalb dieser Grenzschicht ist die Strömungsgeschwindigkeit gleich Null und die an die Substratoberfläche absinkenden Bakterien können sich hier halten.

An den Epiphyten auf Wasserpflanzen zeigen sich Luv- und Lee-Erscheinungen, die mit der Exposition gegenüber der Wasserbewegung korreliert sind. Somit kann aus der Dichte und der Anordnung von Epiphyten auf die Strömungsverhältnisse in unmittelbarer Nähe des Substrates geschlossen werden.

Zusammenfassung und Ausblick

Wie anhand der angeführten Beispiele gezeigt werden konnte macht sich die Vergleichende Ultrastrukturforschung die Prinzipien des hierarchischen Aufbaus jeder Ordnung zunutze. RIEDL hat in zahlreichen Arbeiten (z. B. 1975, 1978/79, 1980) auf wichtige Phänomene hingewiesen, die bis hinein in den Bereich der Ultrastruktur ihre Gültigkeit haben. Aufgrund dieser Prinzipien ist es erst möglich, der Ultrastrukturforschung ihre Richtung in die Synthese und in den Vergleich zu geben. Die bisherigen Untersuchungen machen es sehr wahrscheinlich, daß alle von Riedl aufgezeigten Phänomene auch im Bereich der Ultrastruktur ihre Gültigkeit haben. Es ist das große Verdienst Rupert Riedls, in seinen zahlreichen wissenschaftlichen Arbeiten die Grundlage dafür geschaffen zu haben, daß alle oben genannten Anwendungsbereiche der Ultrastrukturforschung formuliert werden können.

Die Zukunft der Ultrastrukturforschung liegt vor allem im Befassen mit dem Aufwuchs und dessen Verhinderung, in der Veränderung von Oberflächenstrukturen unter Umwelteinflüssen (z. B. Untersuchung von Fichtennadeln nach dem Ausbruch von Mt. St. Helens; WINNER & CASADEVALL, 1983). Im Bereich der vergleichenden Anatomie kann die Elektronenmikroskopie neue Merkmale aufdecken und damit neue, systematisch wertvolle Systeme aufzeigen (s. a. TYLER,

1977). Die Bedeutung der Feinstrukturen zur Erforschung des epigenetischen Systems (im Sinn von RIEDL, 1980) wird immer deutlicher.

Literatur

BRANDENBURG, J., 1966: Die Reusenformen der Cyrtocyten. Berlin: Habilitationsschrift der Freien Universität.

FILSHIE, B. K., & D. F. WATERHOUSE, 1969: The structure and development of a surface pattern on the cuticle of the green vegetable bug *Necara viridula*. Tissue Cell **1:** 367–385.

HADŽI, J., 1963: The evolution of the Metazoa. Oxford: Pergamon Press, 499 pp.

HOLSTEIN, T., 1981: The morphogenesis of nematocytes in Hydra and Forskalia: an ultrastructural study. J. Ultrastr. Res. 75: 276–290.

HUXLEY, J., 1953: Evolution in Action. London: Chatto & Windus.

KIRSTEUER, E., 1976: Notes on adult morphology and larval development of *Tubiluchus corralicola* (Priapulida) based on in vivo and scanning electron microscope examination of specimens from Bermuda. Zool. Scr. **5:** 239–255.

KLEPAL, W., 1981: Nicht-sensorische Cuticularstrukturen von Crustaceen – eine rasterelektronenmikroskopische Studie. Beitr. elektronenmikroskop. Direktabb. Oberfl. **14:** 611–618.

KLEPAL, W., 1983: Morphogenesis and variability of cuticular structures in the genus *Ibla* (Crustacea, Cirripedia). Zool. Scr. **12** (2): 115–125.

KLEPAL, W., & R. T. KASTNER, 1980: Morphology and Differentiation of non-sensory cuticular structures in Mysidacea, Cumacea and Tanaidacea (Crustacea, Peracarida). Zool. Scr. **9:** 271–281.

LICKFELD, K. G., 1979: Elektronenmikroskopie. Stuttgart: Eugen Ulmer.

MUNN, E. A., 1974: The Structure of Mitochondria. London, New York: Academic Press.

NOVAK, R., 1984: A study in ultra-ecology: microorganisms on the seagrass *Posidonia oceanica* (L.) DELILE. Marine Ecology P.S.Z.N.I. **5** (2): 143–190.

OESER, E., 1976: Wissenschaft und Information. Systematische Grundlagen einer Theorie der Wissenschaftsentwicklung. Wien, München: Oldenbourg.

REMANE, A., 1956: Die Grundlagen des natürlichen Systems, der vergleichenden Anatomie und der Phylogenetik. 2. Aufl. Reprint. 1971. Königstein: Otto Koeltz.

RIEDL, R., 1975: Die Ordnung des Lebendigen. Systembedingungen der Evolution. Hamburg, Berlin: Paul Parey.

RIEDL, R., 1977: A systems-analytical approach to macro-evolutionary phenomena. Quarterly Review of Biology **52** (4): 351–370.

RIEDL, R., 1978/79: Über die Biologie des Ursachen-Denkens – ein evolutionistischer, systemtheoretischer Versuch. Mannheimer Forum. Mannheim: Boehringer.

RIEDL, R., 1980: Biologie der Erkenntnis. Die stammesgeschichtlichen Grundlagen der Vernunft (unter Mitarbeit von R. KASPAR). Berlin, Hamburg: Paul Parey.

RIEGER, R. M., 1976: Monociliated epidermal cells in Gastrotricha: Significance for concepts of early metazoan evolution. Z. Zool. Syst. Evolutforsch. **14** (3): 198–226.

RIEGER, G. E., & R. M. RIEGER, 1977: Comparative fine structure of the gastrotrich cuticle and aspects of cuticle evolution within the Aschelminthes. Z. Zool. Syst. Evolutforsch. **15:** 81–124.

RIEGER, R. M., & E. RUPPERT, 1978: Resin Embedments of Quantitative Meiofauna Samples for Ecological and Structural Studies – Description and Application. Marine Biology **46:** 223–235.

SCHMALFUSS, H., 1975: Morphologie, Funktionen und Evolution der Tergithöcker bei Landisopoden (Oniscoidea, Isopoda, Crustacea). Z. Morph. Tiere **80:** 287–316.
SCHMALFUSS, H., 1977: Morphologie und Funktion der dorsalen Längsrippen bei Landisopoden (Oniscoidea, Isopoda, Crustacea). Zoomorphologie **86:** 155–167.
SCHMALFUSS, H., 1978: Morphology and Function of Cuticular Micro-Scales and Corresponding Structures in Terrestrial Isopods (Curst. Isop., Oniscoidea). Zoomorphologie **91:** 263–274.
SCHMIDT, H., & D. ZISSLER, 1979: Die Spermien der Anthozoen und ihre phylogenetische Bedeutung. Zoologica **44** (3/129): VIII + 96 pp.
SITTE, P., 1973: Methodengefüge und Erkenntnisfortschritt. Naturwiss. **60:** 333–339.
SITTE, P., 1976: Elektronenmikroskopie und Biologie – Schicksal einer Symbiose. Mikroskopie **5/6:** 146–171.

TYLER, S., 1977: Ultrastructure and systematics: An example from turbellarian adhesive organs. Mikrofauna Meeresboden **61:** 271–286.

WINNER, W. E., & T. J. CASADEVALL, 1983: The effect of the Mount St. Helens eruption found on fir (Abies sp.) needle cuticles: analysis with scanning electron microscopy. Amer. J. Bot. 70 (1): 80–87.

Ökologie und Evolution

Jörg A. Ott

Evolutionäres Denken in der Ökologie

Ökologie ist eine Erfindung der Evolutionsforscher. Als im 18. Jahrhundert die ersten Ideen über die Wandelbarkeit der Organismen entstanden, führte die Suche nach den treibenden Kräften dieses Wandels sehr schnell zur Erkenntnis, daß diese in den Wechselwirkungen mit der Umwelt der Organismen zu suchen sein müßten. In der Vorstellung von St. Hilaire und Lamarck war diese formende Wirkung der Umwelt noch eine sehr unmittelbare – die Trockenheit der Luft ließ Fischschuppen zur Reptilienhaut werden, die Höhe der Baumkronen verursachte die Streckung des Gazellen- zum Giraffenhals. Erst das folgende Jahrhundert brachte subtilere Erklärungen; seit Wallace und Darwin verstehen wir die Bedingungen der Umwelt als strenge Richter und sorgfältige Ausleser aus einer Mannigfaltigkeit von Typen. Es ist nicht von ungefähr, daß ein großer Evolutionsforscher, Ernst Haeckel, der Ökologie den Namen gegeben hat.

Dennoch hat sich der Aufstieg der Ökologie zu einer selbständigen Teildisziplin biologischer Forschung in diesem Jahrhundert anfänglich weitgehend ohne einen evolutionären Ansatz vollzogen. So wunderbar erschienen – und erscheinen noch immer – die vielfältigen Anpassungen der Organismen an die Anforderungen, die von der Umwelt an sie gestellt werden, daß es vordringlich war, zuerst einmal zu ergründen, wie denn das alles funktioniere und nicht so sehr, wie es dazu gekommen war, daß es funktioniere.

Der funktionelle Ansatz

Die gewaltigen Fortschritte in der Physiologie zu Ende des vorigen und zu Beginn dieses Jahrhunderts prägten zunächst einmal die ökologischen Fragestellungen. Die Ökophysiologie ergründete Toleranzen und Präferenzen der Organismen, um damit ihre regelhafte Verteilung in der Natur erklären zu können. Habitat-Selektion – also jene Mechanismen, mit denen es einem Organismus gelingt, jene Bedingungen zu finden, denen seine morphologisch-physiologische Ausstattung

·ntspricht – wurde ein zentrales Thema. Oft scheint es als wäre vergessen worden, daß diese Ausstattung ja in Wechselwirkung mit den Bedingungen entstanden sein mußte und die Organismen nicht mit einer zufälligen Leistungsfähigkeit ausgestattet in die Welt gestoßen werden – wie Experimentaltiere in der Temperaturorgel, in der sie dann zwischen Eiseskälte und Gluthitze umherirren, bis sie den Platz gefunden haben, wohin sie »passen«.

Selbst die klassischen Formulierungen der ersten ökologischen Gesetzmäßigkeiten, die über das Individuum- oder Populationsniveau hinausgehen, enthalten noch wenig evolutionäres Gedankengut; wie etwa das Konkurrenzausschlußprinzip, die Definition der ökologischen Nische als Summe der Eigenschaften eines Organismus oder die Biozönotischen Grundgesetze Thienemanns.

Der evolutionäre Ansatz

Das Wiedererwachen evolutionären Denkens in der Ökologie hat eine Reihe von Ursachen. Populationsgenetiker mußten den abstrakten Begriff der »Fitness« (als Unterschied von Genfrequenzen in aufeinanderfolgenden Generationen) wieder dem Darwinschen Begriff (als Maß des Erfolges eines Genotyps in der Auseinandersetzung mit der Umwelt) annähern. Das Buch des Genetikers FISHER (1958), »The Genetic Theory of Natural Selection« ist das wahrscheinlich meistzitierte Buch in der »Evolutionary Ecology« des Ökologen PIANKA (1974). Die Erkenntnis, daß neben den abiotischen Faktoren eine große Zahl von komplexeren Interaktionen zwischen Organismen – wie Räuber-Beute-Beziehungen, Konkurrenz, Parasitismus und Symbiosen – die qualitative und quantitative Zusammensetzung von Lebensgemeinschaften im dynamischen Wechselspiel reguliert, warf die Frage nach der Entstehung dieser Beziehungen auf.

Zudem erweisen sich auch die Lebensgemeinschaften als Strukturen mit Geschichte. Nach Zerstörung bestehender Ökosysteme oder wenn neuer Raum bereitgestellt wird, folgt eine Anzahl kurzlebiger Zustände (serale Stadien) in anscheinend determinierter Reihenfolge (Sukzession), oder es lassen sich zumindest Reihen hoher Übergangswahrscheinlichkeit bilden (HORN, 1973, 1975). Diese Reihen münden in eine begrenzte Zahl stabiler Zustände (Klimax), die sich in »ökologischen« Zeiträumen nur bei Störung des Systems ändern.

Im Ablauf der Sukzessionen ändern sich Systemeigenschaften wie Diversität, Konnektivität, Energiegehalt und -fluß, Informationsgehalt und Struktur in beschreibbarer Weise – sie entwickeln sich. MARGALEF (1968) unterscheidet demnach »immature« und »mature« Stadien in dieser »Ontogenie« von Ökosystemen. Ähnlich wie in der Entwicklung der Organismen erreichen auch hier die »Adultstadien« (Klimax) unterschiedliche Organisationshöhen – von der »Amoebe« der felsigen Gezeitenzone bis zum »Säugetier« des Korallenriffes. Es war naheliegend in der Entwicklung komplexer Ökosysteme ein Abbild ihrer Phylogenie zu sehen (ODUM, 1969; DUNBAR, 1972).

Ein wichtiger Hinweis auf Evolutionsvorgänge war das Erkennen von Strategien. Darunter versteht man die verbindliche Auswahl einer bestimmten aus einer Anzahl von Lösungsmöglichkeiten für eine bestimmte Aufgabe – hier die Auseinandersetzung mit der Umwelt. Ihre Zielgerichtetheit erhalten biologische Strategien *post factum* durch ihren Überlebenswert (Teleonomie). Der Einbau von Informationen über die möglichen Zustände der relevanten Umwelt und der relativen Häufigkeit des Eintretens dieser Zustände (Voraussagbarkeit, predictability) geschieht durch die Einschränkung der Freiheitsgrade des Systems (Spezialisation). Diese Spezialisation macht es möglich, daß mit dem selben Aufwand an Struktur und Energie ein höherer Wirkungsgrad des Systems in der Auseinandersetzung mit dem eingeschränkten Set möglicher Umweltzustände erreicht wird (Adaptation).

Strategien sind auf allen Komplexitätsstufen der Biologie beschrieben worden, von den biochemischen Strategien auf dem Zellniveau (Hochachka & Somero, 1973), über die individuellen Strategien zur Energiegewinnung (optimum foraging; Schoener, 1971; McArthur, 1972; Rapport, 1980), Ressourcengewinn und -behauptung (Konkurrenz, Territorialität; Miller, 1967; Ardrey, 1966) und Feindvermeidung (Cott, 1940; Janzen, 1971), die Strategien auf dem Populationsniveau (Reproduktion, r-K-Strategien, Lebensgeschichtestrategien; McArthur & Wilson, 1967; Stearns, 1976), bis zu den Strategien auf dem Ökosystemniveau (Speicherung, Recycling; Reichle et al., 1975; Ott, 1981).

Die Prozesse, die zur Ausbildung dieser Strategien geführt haben, zeigen alle essentiellen Charakteristika des basalen Lernalgorithmus, der auf allen Niveaus biologischer Organisation identifiziert werden kann (Riedl, 1980). In diesem Prozeß wird durch zufällig inkorporierte Information eine neue Erwartung des Systems an seine Umwelt (feed forward) durch die damit gemachte Erfahrung in der Selektion auf ihre Richtigkeit getestet (feed back). Nach dem Durchlaufen des Kreisprozesses aus Erwartung und Erfahrung (Veränderung und Selektion) hat das System eine neue Ausgangsform, die wiederum neue Information aufnehmen läßt. Diese »optimierende Spirale« ist das grundlegende Modell eines Lernprozesses (Oeser, 1976).

Die einzelnen Teilabschnitte dieses informationsgewinnenden Umlaufes haben ihre charakteristische Funktion unabhängig von der Organisationshöhe des Systems. Um sie identifizieren zu können, müssen wir zunächst die Position der Objekte der ökologischen Forschung im Schichtenbau der realen Welt untersuchen.

Die Position der Objekte der Ökologie im Schichtenbau der realen Welt

Die verschiebbare Lupe

Die reale Welt erscheint uns aus Systemen aufgebaut, die selbst einerseits aus Untersystemen zusammengesetzt sind, andererseits im Verein mit anderen Systemen als Teile ein übergeordnetes System bilden. In diesem von den Elementarteilchen bis zum gesamten Universum reichenden Schichtenbau kann sich unser jeweiliges Interesse nur auf eine beschränkte Anzahl von Schichten beziehen, gleichsam wie eine Lupe, die auf einem Maßstab auf- und abgeschoben werden kann, um jeweils einen Bereich zu vergrößern, an dem abgelesen werden soll.

In der einen Richtung müssen wir die Eigenschaften der Untersysteme ab einer gewissen Stufe als gegebene Voraussetzung annehmen, sie also als »black boxes« betrachten, deren Inhalt zu erforschen in den Bereich eines anderen Wissensgebietes führt. Nach der anderen Richtung verliert sich der Erklärungswert der Eigenschaften der Untersysteme für die Eigenschaften der übergeordneten rasch in der steigenden Komplexität und den auf jeder Stufe neu hinzutretenden Systemeigenschaften.

Der Bereich der Ökologie spannt die Stufenfolge vom Individuum, der kleinsten sinnvollen Einheit ökologischer Forschung, bis zur gesamten Biosphäre. Im Bereich unterhalb des Individuums sind die Fragestellungen den Bereichen von Morphologie, Physiologie und Biomechanik zuzuordnen. Der Schritt über die Biosphäre hinaus dagegen führt in die Geophysik.

Inhalt und Sinn in ökologischen Systemen

Wieviel Schichten der Folge gleichzeitig erfaßt werden können, ist nach oben zu eine Frage der Leistungsfähigkeit des menschlichen Geistes und seiner ihn unterstützenden Maschinen. Die Minimalanzahl ist jedoch drei, da jeweils die untergeordnete Schicht der im Brennpunkt des Interesses befindlichen einen Inhalt gibt, die übergeordnete ihr und ihren Systemeigenschaften den Sinn.

So geben die Individuen und ihre Leistungen dem Begriff der Population Inhalt, die Eigenschaften von Populationen und ihre Interaktionen erscheinen erst sinnvoll im Rahmen des Ökosystems. Je nach der Strukturiertheit des Systems und abhängig von der betrachteten Eigenschaft oder dem Prozeß können noch Schichten dazwischen geschoben sein (wie Familie, Herde, Dem: zwischen Individuum und Population; Gilde, trophisches Niveau oder eine andere funktionelle Gruppierung: zwischen Population und Ökosystem). Sehr einfache Prozesse und Reaktionen können dagegen Schichten »bypassen«, wie etwa simple Temperatur-Aktivitätsbeziehungen, die das Individuum direkt mit dem Ökosystem oder selbst mit dessen Randbedingungen in direkten Zusammenhang bringt.

Diese wechselseitige Sinn-Inhaltsbeziehung ist am deutlichsten in hochintegrierten Systemen. Es erscheint uns selbstverständlich, daß ein Körperteil (wie etwa der Flügel eines Vogels) nur Sinn innerhalb des Vogels hat und daß er zum Flügel nur durch seine Teile (Muskeln, Sehnen, Knochen, Federn) wird, die ihrerseits in ihrer speziellen Gestalt und Verbindung nur durch den Flügel Sinn, durch Muskelzellen, Knochenbälkchen etc. Inhalt gewinnen (RIEDL, 1980). Die einzelnen Teile jener Systeme, die Gegenstand der Ökologie sind, erscheinen häufig loser verbunden, leicht isolierbar und oft »sich selbst Sinn genug«. Das Leben und Überleben der Art oder des Genotyps scheint hinreichender Selbstzweck zu sein (eigentlich genügte ja das Individuum, doch das Risiko zufälligen Todes und die thermodynamische Unmöglichkeit des ewigen Lebens verlangen Vermehrung und Fortpflanzung). Eigenschaften von Organismen werden daher traditionell nach ihrem Überlebenswert für den Genotyp, der diese Eigenschaft enthält, beurteilt. In vielen Fällen ist eine Erklärung auf diesem Niveau hinreichend und mit den herkömmlichen Selektionsauffassungen gut vereinbar. Andererseits kennt man Eigenschaften, die ihren selektiven Vorteil erst auf dem Gruppen-, Art- oder Ökosystemniveau zeigen. Solche Phänomene sind aus dem Verhalten höherer Tiere mit komplex strukturierten Gemeinschaften (soziale Insekten, Vertebraten) durch die Soziobiologie (WILSON, 1975) beschrieben oder aus komplexen Ökosystemen bekannt (DUNBAR, 1960; OTT, 1981). Auf diese Probleme wird weiter unten noch eingegangen.

Antriebs- und Materialursachen

RIEDL (1980) hat gezeigt, daß im Schichtenbau der realen Welt jeweils die Bedingungen der Untersysteme als Binnen-Ursachen (Antriebs- und Materialursachen), die Bedingungen des Übersystems als Außen-Ursachen (Form- und Zweckursachen) die Struktur und Funktion einer bestimmten Schicht bedingen. Die Antriebsursachen in lebenden Strukturen sind der Energiefluß durch relativ begrenzte Systeme und die damit verbundenen Informations- und Materialflüsse. In ökologischen Systemen ist es die Produktion organischer Substanz, ihre Weitergabe und Remineralisation. Dieser Ablauf unterliegt den Restriktionen durch die Gesetze des Materials.

Wichtig sind die Art und Menge der verfügbaren Energie und Materialien, Stoffwechselbedingungen und Verhaltensprogramme, die Möglichkeiten der Vererbung und Reproduktion, des Wachstums auf individueller und Populationsebene (»design constraints«; STEARNS, 1976) und die verwirklichbaren interspezifischen Beziehungen und Nahrungsketten. Gleichwie in der Morphologie die Vielfalt der Typen in Erstaunen setzt, so fasziniert in der Ökologie die Mannigfaltigkeit der Lösungswege, die aus einfachen Antrieben und uniformen Materialbedingungen entstanden. Eine Vielfalt von Organismen nimmt auf der gleichen Stufe oder in der Abfolge einer Nahrungskette am Auf- und Abbau komplizierter organischer Strukturen teil; diese Vielfalt ist nur durch die immer neu entstehenden oder veränderten Systembedingungen bei jeder Zunahme der Komplexität verständlich.

Form- und Zweckursachen

Die entstehenden und sich verändernden Systembedingungen wirken nun als Formursachen in der Gestalt der Selektion auf allen Ebenen auf die Subsysteme zurück. Die Mechanismen sind intra- und interspezifische Konkurrenz, die individuelle Leistungsfähigkeit und Populationsparameter selektieren; die Wirkung von Räubern auf ihre Beute; der Ablauf von Nährstoffzyklen; die Stabilität von Ökosystemen.

Als Zweckursachen finden wir die Effizienz der Ressourcennutzung und Homöostase. In welchem Maße diese »Ziele« erreicht werden, hängt sowohl von den Randbedingungen als auch dem evolutionären Alter der Systeme ab (SANDERS, 1969). In vielen Ökosystemen sind die Nutzungsraten der verfügbaren Energien klein und die Transfereffizienzen in den Nahrungsketten gering, die Stabilitätsmuster beinhalten große Schwankungen in Abhängigkeit zu den Änderungen der Außenbedingungen. Im Rahmen der gesetzten Grenzen sind jedoch Trends zu erhöhter Effizienz, zur Internalisierung von Materialzyklen und zur weitgehenden Unabhängigkeit von äußeren Perturbationen bei gleichzeitiger innerer Stabilität zu erkennen.

Die Stufen

Anpassung an die physische Umwelt

Weitaus die meisten der Strukturen und Funktionen, die wir an Organismen beobachten können, sind Anpassungen an ihre physische Umwelt, an die sogenannten abiotischen oder klimatischen Faktoren. Diese Anpassungen können in manchen Lebensräumen in einem so bedeutendem Maße das Vorkommen, die Verteilung und die Populationsentwicklung der Organismen bestimmen, so daß der Eindruck eines Nebeneinanders voneinander weitgehend unabhängigen Arten besteht (z. B. pelagische Gemeinschaften, felsiges Eu- und Supralitoral). Arten sind leicht austauschbar und ohne obligate Beziehungen, so daß eher eine Menge als ein System vorzuliegen scheint. Die Arten erscheinen von den Randbedingungen einsinnig gesteuert, Rückkopplungen (feedbacks) in ökologischen Maßstäben scheinen nicht vorhanden zu sein. Solche Systeme werden oft als »physically controlled« bezeichnet (SLOBODKIN & SANDERS, 1969). Wir finden Rückkopplungen zu den klimatischen Faktoren jedoch in den größten räumlichen und zeitlichen Maßstäben, die gesamte Biosphäre und die längsten evolutionären Zeiträume betreffend. So haben Organismen im Verlauf der Geschichte des Lebens ganz wesentlich zur heutigen Zusammensetzung der Atmosphäre und damit zur Temperatur- und Feuchtigkeitsverteilung beigetragen. Ohne die Entste-

hung der photosynthetischen Prozesse in lebenden Zellen wäre die Atmosphäre unseres Planeten wahrscheinlich ähnlich der des Mars und die Geochemie der Erdkruste wesentlich verschieden von den heutigen Zuständen.
Während dieses Jahrmilliarden dauernden Oxydationsprozesses haben jedoch Milliarden von Generationen von Organismen ihren Lebenszyklus unter quasikonstanten Bedingungen durchlaufen, so daß wir bei der Betrachtung einer kurzen Zeitspanne (wenige bis hunderte Generationen), wie es in der Ökologie zumeist üblich ist, mit Recht die Anpassung von Organismen an einen Ist-Zustand unter Vernachlässigung der Rückwirkung betrachten können. Nur die gewaltigsten Erscheinungsformen der Organismenwelt, die Baumriesen der Regenwälder und die unterseeischen Gebirgszüge der Korallenriffe beeinflussen auch über die Grenzen ihres Bestandes hinaus Klima oder Wasserbewegung deutlich.
Innerhalb der Grenzen des Ökosystems sind die »abiotischen« Faktoren häufig unter biotischer Kontrolle. Insbesonders die sogenannten »bestandsbildenden« Organismen, die das Erscheinungsbild des Systems prägen (Waldbäume, Tange der Kelp-beds, Korallen der Riffe) bestimmen das Mikroklima und damit die eigenen Lebensbedingungen und die aller anderen Arten des Systems. Mit dieser Rückkopplung ist die Bedingung einer Regelung erfüllt, die Organismus und

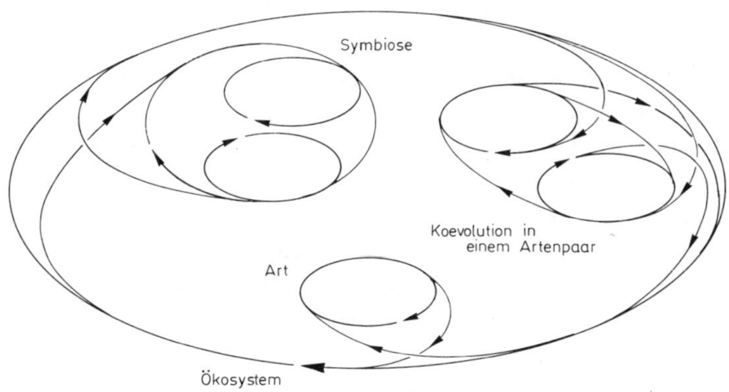

Abb. 5. Interaktionen zwischen dem Ökosystem und seinen Komponenten. Ökosystembedingungen wirken als selektive Kräfte in der Evolution von Arten, die ihrerseits wieder das Systemverhalten beeinflussen. In koevolvierenden Artenpaaren (-gruppen) werden zwischen den interagierenden Arten zusätzliche Rückkoppelungen geschlossen. In der höchstentwickelten Stufe, der Symbiose, ist die Interaktion mit dem Ökosystem nahezu ausschließlich von der Selektion an der überindividuellen Einheit und deren Verhalten bestimmt (aus Ott, 1981).

Ökosystem in ökologischer Zeit fein abstimmt. Jede Änderung der Eigenschaften eines Organismus führt zu einem geänderten Systemverhalten, das als geänderte Selektionsbedingung auf die Organismen zurückwirkt (Abb. 5).
Die Bedeutung der Änderung des Systemverhaltens in Reaktion auf die Änderung einer Komponente (in Ökosystemen muß als Änderung auch das Neueinwandern oder Verschwinden einer Art gewertet werden) hängt von der Position der Art im Netzwerk der Beziehungen zwischen den Ökosystemkomponenten ab. Arten, deren Änderungen besonders weitreichende Konsequenzen für das Gesamtsystem haben, nennt man »Key-stone-Species« (Paine, 1966).

Koevolution

Neben den Bedingungen der physikalischen Umwelt sind es die Interaktionen zwischen den Individuen verschiedener Arten, die als selektive Kräfte erscheinen. In manchen Ökosystemen sind die Anpassungsphänomene an biotische Interaktionen so auffällig, daß diese Systeme als »biologically controlled« bezeichnet werden (Slobodkin & Sanders, 1969). Die enge Kopplung des Evolutionsverlaufes eines Artenpaars (oder mehrerer Arten), in der jeweils eine Änderung eines Partners unmittelbar als geänderte Selektionsbedingung für den (die) anderen erscheint, nennt man Koevolution. Besonders in jenen Fällen, wo die Partner annähernd »gleichberechtigt« erscheinen, sind dadurch Anpassungsphänomene entstanden, die unser Erstaunen erwecken, wie etwa die vielfältige Rolle der Insekten in der Bestäubungsbiologie der Blütenpflanzen. Die Mechanismen sind die beiden basalen Typen interspezifischer Beziehungen: Episitismus (Räuber-Beute-Beziehung im weitesten Sinn) und Konkurrenz.
Beim Episitismus ist eine Art die Ressource einer weiteren, im eng gefaßten Sinn der Räuber-Beute-Beziehung als Nahrung, im weiteren Sinne auch etwa als Siedlungssubstrat für Epiphyten und Epizoen. Der einfachste Fall einer Räuber-Beute- beziehungsweise Herbivoren-Pflanzen-Beziehung ist ein beständiger Wettlauf zwischen den Partnern, in dem Angriff und Verteidigung in kleinen Schritten perfektioniert werden. Vielfach ist jedoch die »Beute« an die Wirkung des »Räubers« vielfältig angepaßt und wird dadurch in ihrem Wachstum stimuliert. So werden Bakterienkolonien durch Beweidung durch Ciliaten oder Nematoden zu schnellerem Wachstum angeregt (Gerlach, 1978); das Entfernen epiphytenbedeckter Blattspitzen von Seegräsern durch Seeigel verhindert wahrscheinlich Selbstabschattung und damit Wachstumsverlangsamung; Beweidung führt bei vielen Gramineen zur Vermehrung der Vegetationspunkte und erhöhtem Blattwachstum, wobei möglicherweise Stoffe im Speichel von Insekten und Huftieren stimulierend wirken. Owen & Wiegert (1981) nehmen sogar an, daß die Koevolution von Gräsern und Huftieren erst die Ausbreitung von Grasländern im Tertiär ermöglichte (und daß die Radiation der Huftiere nicht eine bloße Folge der vorangegangenen Entwicklung der Grasländer gewesen wäre).

Miniaturisierung und Internalisierung der Räuber führte zu mannigfaltigen Erscheinungen der Mikroräuber, Parasitoiden und Parasiten.
Konkurrenz tritt dann ein, wenn zwei oder mehrere Organismen in der Nutzung von Ressourcen stark überlappen. Wiederum ist diese Ressource zumeist Nahrung, oft aber auch Raum (der wiederum meist zum Entfalten eines Energieerwerbsapparates – Blätter, Tentakelkronen – benötigt wird).
Konkurrenz hat durch ihre primär auf beide Partner negative Wirkung nicht zu auffälligen Koevolutionsphänomenen geführt. Vielmehr wird durch eine Aufteilung der Ressourcen in Qualität, Raum und Zeit die Beziehung gelockert, die Konkurrenz abgeschwächt. Tatsächliche konkurrenzbedingte Prozesse sind nur in kurzlebigen Lebensräumen oder während Sukzessionen zu beobachten, wobei Überwachsungen und Allelopathien zum Ausschluß eines Konkurrenten führen. Erstaunliche und weitgehend ungeklärte Stabilitätsmuster werden jedoch auch durch Konkurrenzphänomene erreicht. Gegenläufige Wachstums- und Allelopathiehierarchien machen die Mannigfaltigkeit der Riffe hermatypischer Korallen (Lang, 1973) möglich und sind wahrscheinlich auch für die Diversität terrestrischer Vegetationen bestimmend.

Symbiosen (Mutualismen)

Die höchstentwickelte Form koevolutiver Verbindungen sind die Mutualismen, in denen die Partner soweit voneinander abhängig geworden sind, daß eine Feinabstimmung der jeweiligen Evolutionsprozesse für alle Beteiligten überlebensnotwendig ist. Mutualismen sind in der Organismenwelt weit verbreitet und wahrscheinlich erst zu einem geringen Teil bekannt. Insbesonders die Beziehungen zwischen Mikroorganismen (Bakterien, Pilzen, Protozoen) und Evertebraten mit Ausnahme der Insekten (Buchner, 1965) sind weitgehend unerforscht. Dabei soll hier nicht von den häufig als Beispiele für Symbiosen angeführten Verbindungen, etwa zwischen den Clownfischen *(Amphiprion)* und Seeanemonen oder Einsiedlerkrebsen *(Paguristes)* und den auf ihren Schneckengehäusen wachsenden Schmarotzerrosen *(Calliactis parasitica)*, die besser als Protokooperationen bezeichnet werden, die Rede sein. In diesen Fällen ist das enge Zusammenleben (Symbiose) nicht für das Überleben essentiell und mindestens für einen Partner ist der Vorteil zweifelhaft. Mutualismen im engeren Sinn sind für beide Partner unter natürlichen Bedingungen für einen erfolgreichen Weiterbestand notwendig.
Mutualistische Spezies-Paare interagieren mit ihrer Umwelt wie ein einziger Organismus. Meist ist einer der Partner der reaktive und bildet weitgehend die »Umwelt« des anderen. In diesen Fällen behält er auch die Kontrolle über die Beziehung, die kaum (nie?) auf Gleichberechtigung aufgebaut ist, sondern stets einer benevolenten Sklavenhalterei vergleichbar erscheint (Odum, 1971). So kontrollieren Korallenpolypen die Abgabe von Photosyntheseprodukten ihrer

Zooxanthellen; bei den Flechten »melken« die Pilze ihre mutualistischen Algen mit Haustorien. Manchmal verliert ein Partner weitgehend die Identität als eigener Organismus, wie etwa bei den in Schwämmen mutualistisch lebenden Algen, von deren Struktur nur die Chloroplasten erhalten bleiben (TAYLOR, 1974). Möglicherweise ist die eukaryote Zelle in ihrer heutigen Organisation das Produkt mehrfacher mutualistischer Zusammenschlüsse, die aus vorher unabhängigen Organismen Zellorganellen (Mitochondrien, Plastiden, Flagellen) entstehen ließen (MARGULIS, 1976). Dies wäre ein Beispiel eines Systems, das ab einem bestimmten Integrationsgrad eine gemeinsame Evolution durchlief.

Systemstrategien

Während bei den Anpassungen an die Umwelt, Koevolution und Symbiose, die Selektion als differenzielles Überleben von Genotypen im System wirksam wird, so ist auch das differenzielle Überleben von Systemen infolge Eigenschaftsänderungen ihrer Teile denkbar.

Eine Voraussetzung für Selektionsvorgänge auf diesem Niveau ist, daß die Rückkopplung nicht unmittelbar auf den Träger der in Frage stehenden Eigenschaft zurückwirkt. Nicht der Erfolg oder Mißerfolg des Individuums, das einen bestimmten Genotyp repräsentiert, entscheidet über die endgültige Fixierung oder das Verschwinden eines Merkmals, sondern die Persistenz oder Destabilisierung des Systems, dem der Träger dieses Genotyps angehört.

»System« steht hier für alle Niveaus oberhalb des Individuums, also Gruppe, Herde, Dem, Population, interagierendes Artenpaar (Räuber-Beute-Beziehungen) bis zum gesamten Ökosystem. Das tatsächliche Wirken von Selektion auf diesen Niveaus ist experimentell schwer beweisbar und heftig umstritten. Als Arbeitshypothese erlaubt jedoch die Annahme von Gruppenselektion (WYNNE-EDWARDS, 1962; WILLIAMS, 1971) oder Systemselektion die Erklärung der Evolution einer Reihe von Eigenschaften bei Organismen, deren Entstehung offensichtlich im Widerspruch zur klassischen darwinistischen Theorie steht.

Gemeint sind alle jene Eigenschaften, deren selektiver Vorteil erst auf dem Gruppen-, Art-, oder Systemniveau wirksam wird, während sie auf dem Individuenniveau fitnessverringernd zu wirken scheinen. Dazu gehören viele Verhaltensweisen von Tieren, die in gutstrukturierten Gemeinschaften leben, wie viele Vögel, Säuger und die sozialen Insekten. Die vielfachen Erscheinungen von ausgedehnter Brutpflege (und diese oft nicht nur für die eigenen Nachkommen), Arbeitsteilung unter Reproduktionsverzicht, Wach- und Warnposten mit hohem Risiko bei gleichzeitiger Verringerung der Zeit für andere Aktivitäten (Nahrungsaufnahme, Reproduktion), Verteidigung des Kollektivs durch einzelne u. a. waren die ersten Eigenschaften dieser Art, die auf das hier vorliegende Problem einer zu simplen darwinistischen Erklärung aufmerksam machten.

Viele dieser etwas unglücklich als »Altruismen« bezeichneten Eigenschaften entbehren bis heute einer ausreichenden Erklärung durch Selektionsmechanismen auf dem Individuenniveau. Nimmt man – korrekterweise – den Erfolg eines Genotypus, anstelle des Erfolgs eines diesen Genotyp repräsentierenden Individuums, so läßt sich die Entstehung mancher »Altruismen« so verstehen, daß das Ausmaß des Risikos, das ein Merkmalsträger einzugehen hat, durch die Vergrößerung der Überlebens- und Reproduktionschancen Nahverwandter (und damit zu hohem Prozentsatz Merkmalsträger) mehr als aufgewogen wird. Dies ist das Prinzip der »kin selection« (HAMILTON, 1972). Damit wird der »Altruismus« des Individuums zum »Egoismus« des Genotyps; das egoistische Gen benutzt den Körper als Überlebensmaschine (DAWKINS, 1976). Die Bedingung, daß die durch Fitnesseinbußen des Individuums für Artgenossen erkauften Vorteile nur nahen Verwandten zugute kommen dürfen, schränkt die Anwendbarkeit dieses Prinzips weitgehend auf Organismen mit hochentwickelten Sozialstrukturen, wie Familienverbände, ein und es ist selbstverständlich, daß die Soziobiologie, die sich mit solcherart strukturierten Tiergesellschaften bei den schon oben erwähnten höheren Vertebraten und sozialen Insekten beschäftigt, viele Beispiele dafür geliefert hat (WILSON, 1975). Kommt der durch Fitnesseinbuße erkaufte Vorteil auch nichtverwandten Artgenossen zugute, so kann der Fortbestand und die Verbreitung des Genotyps nur über überlegene Gruppeneigenschaften und folgende Gruppenselektionen erklärt werden, was jedoch nicht die erstmalige Durchsetzung des »gruppendienlichen« Genotyps erklärt. Genetische Drift in sehr kleinen Gruppen wäre eine Möglichkeit. Das Prinzip des »Reziproken Altruismus« (TRIVERS, 1971) ist wiederum nur auf das Verhalten von Organismen hoher Entwicklungsstufe anwendbar.

Ökologisch besonders interessant sind jene Eigenschaften von Organismen, bei denen erst über die Begünstigung einer anderen Art die individuelle Fitnesseinbuße abgegolten wird, sozusagen ein »interspezifischer Altruismus«. Die einfachste Form dieser Beziehung liegt dann vor, wenn die »begünstigte« Art gleichzeitig die Ressource des Begünstigers ist. Beispiele dafür finden sich in Räuber-Beute-Systemen, wo »Prudent Predators« (SLOBODKIN, 1968) scheinbar ein »Ressource Management« betreiben, indem sie selektiv in Qualität und Quantität ihre Beute nutzen. So zeigen viele Raubtiere eine deutliche Präferenz für entweder alte, sehr junge, oder in irgendeiner Weise vom durchschnittlichen Aussehen und Verhalten abweichende (»odd and conspicuous«) Beuteindividuen (CURIO, 1976). Damit beschränkt sich ihre Wirkung weitgehend auf jene Beuteobjekte mit dem geringsten Reproduktionswert, während die für den Fortbestand der Beutepopulation wichtigsten Individuen geschont werden. Seeigel bevorzugen in Seegraswiesen die epiphytenbeladenen Blattspitzen, die schon wenig zur Photosyntheseleistung beitragen und eine geringe Lebenserwartung haben (TERTSCHNIG, im Druck; TRAER, 1980; OTT & MAURER, 1977). Ameisenbären decken ihren Energiebedarf, indem sie in jeder ihrer nächtlichen Aktivitätsperioden mehrere Ameisen-

oder Termitennester aufbrechen, an jedem jedoch nur kurze Zeit fressen und damit vermeiden, eine Kolonie irreversibel zu schädigen (LUBIN et al., 1977).
Noch komplizierter sind die über mehrere Zwischenstufen laufenden Beziehungen, deren Selektionswert erst über Ökosystemeigenschaften verständlich wird. So erscheinen die Transferraten zwischen Primärproduzenten und Weidegängern (»grazer«) durch die für die Funktion des Ökosystems notwendige Rate der Nährstoffregeneration bestimmt. Die Empfindlichkeit von vielen Ökosystemen gegenüber einer Änderung dieser Rate (»overgrazing«, »undergrazing«) zeigt, daß diese Rate ein adaptives Merkmal des Systems ist.
Terrestrische Grasländer und pelagische Planktongemeinschaften zeigen die höchsten natürlichen »Grazing«-Raten. Sie sind gleichzeitig sehr empfindlich gegen kurzfristige Verlangsamung der Nährstoffregenerationsrate, da sie relativ geringe intrabiotische Speicher für Nährstoffe besitzen und die Gefahr besteht, daß diese in metabolisch inaktiver oder toter organischer Substanz festgelegt werden. Da freie Nährstoffe in diesen Systemen eine lange Residenzzeit im Vergleich zur Turnoverrate der Primärproduzenten haben und vielfach wiederverwendet werden können, bevor sie dem System verloren gehen, ist eine Beschleunigung bakterieller Remineralisation von Vorteil. Dies wird durch die Zerkleinerung und Oberflächenvergrößerung bei der Tätigkeit der Weidegänger erreicht und der Verlust an lebenden, teilungsfähigen Zellen oder noch photosynthetisch aktiven Pflanzengewebes ist der Preis, der dafür von den Produzenten gezahlt wird.
In Lebensräumen mit kurzer Residenzzeit der Nährstoffe im Vergleich zur Turnoverzeit – also mit hohem Risiko des Nährstoffverlustes – oder in solchen mit großen intrabiotischen Speichern (aquatische Makrophyten, Wälder) ist es hingegen für die Primärproduzenten von Vorteil, die Verlustraten lebenden Gewebes möglichst gering zu halten. Die Remineralisationsgeschwindigkeit im System ist nicht kritisch. Hier finden wir die niedrigsten »Grazing«-Raten und die Pflanzen zeigen mannigfache Einrichtungen der Herbivorenabwehr (sekundäre Pflanzensubstanzen wie Gifte, Tannine u. a.).
Das weitgehende Fehlen von solchen herbivorie-einschränkenden Einrichtungen in jenen Systemen, in denen rasche Remineralisation wichtig ist, scheint damit ein adaptives Merkmal, die »Permissivität« des Grases ein Tribut an die Funktion der Gemeinschaft zu sein.
So sehr die arterhaltenden Wirkungen von »prudent predation« oder »permissiven« Strategien im *Status quo* einleuchten mögen, bleibt uns doch die Aufgabe, ihre Entstehung im Rahmen der akzeptierten Mechanismen darwinistischer Evolution zu erklären.
Weder der Ameisenbär noch das Gras »weiß« wie »vernünftig« es ist, die Ausbeutung einer Ressource zu beschränken, oder sich beschränkt ausbeuten zu lassen. Wie mag ein Räuber, der seine Beute »managt«, sich gegenüber hem-

mungslos ausbeutenden Artgenossen durchgesetzt haben, wie das ungiftige wohlschmeckende Gras gegenüber seinen von chemischen Waffen starrenden Mitbewohnern der Wiese? Nach der klassischen darwinistischen Auffassung hätten sie keine Chance, da die Vorteile (mehr Beute, mehr Nährstoffe auf lange Sicht), die ihr Verhalten bringt, unspezifisch auch allen Nicht-Merkmalsträgern zugute kämen, die Nachteile (im Augenblick relativ weniger zu fressen zu haben, gefressen zu werden) hingegen spezifisch die Merkmalsträger treffen.

Die Lösung bringt die Annahme, daß die auf dem Systemniveau vorteilhaften Charaktere (Beschränkung der Ausbeutung, Zulassen des Ausgebeutetwerdens) ursprüngliche Eigenschaften seien. Junge und alte Beutetiere und auch zumeist die »seltsamen« sind leichter zu erbeuten, als die in der Blüte ihres Lebens stehenden reproduktiven Individuen. Sekundäre Pflanzensubstanzen, die fraßhemmend oder giftig wirken, sind von einfachen Stoffwechselprodukten abgeleitet und ihr Fehlen ist sicherlich ein Charakteristikum ursprünglicher Pflanzen.

»Imperfektionen« im Ausbeuten einer Ressource oder in der Abwehr der Ausbeutung erscheinen als lebenserhaltende Langzeitstrategie. Das Ameisenbärbeispiel zeigt dies besonders deutlich: der unmittelbare Grund des Verlassens eines aufgebrochenen Ameisenbaues ist die Empfindlichkeit des Ameisenbärs gegen die Bisse seiner Beute, die ihn veranlassen das Weite zu suchen und sich zu putzen (Shaw & Carter, 1980).

Das Problem verschiebt sich auf die Frage, wie es zu verstehen sei, daß diese ursprünglichen Charaktere erhalten blieben gegen die Konkurrenz der effizienten Ausbeuter und erfolgreichen Verweigerer. In diesen Fällen müssen jene Systeme (Räuber-Beute-Systeme, Ökosysteme), in denen »übereffiziente Ausbeuter« und »effiziente Verweigerer« auftraten, in Form »begrenzter Katastrophen« zugrunde gegangen sein, bevor sich diese kurzzeitig erfolgreichen Eigenschaften epidemisch ausbreiten konnten. Die Bedingungen dazu werden weiter unten behandelt.

Die Konsequenzen

Adaptive Strategien als Lernprozesse

Um adaptive Strategien als basale Lernprozesse zu begreifen, müssen wir die einzelnen Bestandteile des Lernalgorithmus mit ökologisch wirksamen Prozessen identifizieren.

Die optimisierende Spirale, die das allgemeine Lernmodell (Oeser, 1976; Riedl, 1980) charakterisiert, hat eine induktive, aktive und eine deduktive Seite. Äußere Information fließt in das System ein, wird in den induktiven Prozessen verarbeitet, führt zu neuer innerer Information (neuen Systemeigenschaften), die in der deduktiven Seite der optimisierenden Spirale als Überlebenswert gegenüber konkurrierenden Systemen getestet wird.

Die informationsverarbeitende Seite kann in drei Teilprozesse zerlegt werden:

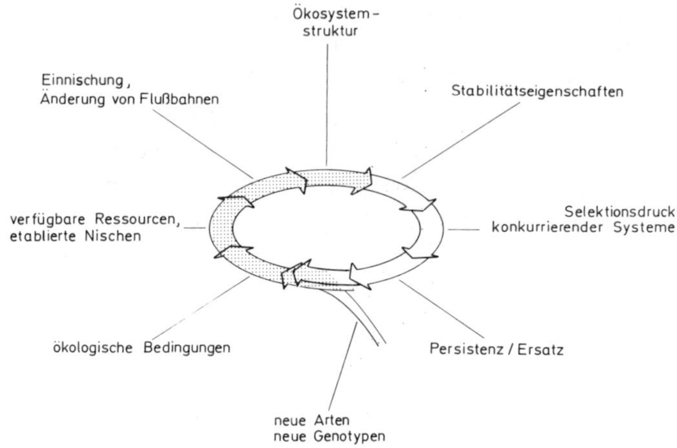

Abb. 6. Modell der Aufnahme, Verarbeitung und des Einbaues von Information auf dem Ökosystemniveau unter Verwendung des Modells des kognitiven Algorithmus von RIEDL (1980). Information fließt als neue Arten oder Genotypen in den Zyklus ein *(unten Mitte)*, wird im System eingebaut *(linke, gepunktete Hälfte)* und der erfolgreiche Einbau über das Systemverhalten getestet *(rechte Hälfte)*.

1. die Triebkräfte der Informationsaufnahme,
2. die Beschränkungen der Informationsaufnahme und
3. die Aufnahme der Information in den Informationsträger des Systems.

Die zweite Hälfte der Lernspirale läßt: 1. die neuen Systemeigenschaften, 2. deren Prüfung durch den Selektionsdruck konkurrierender Systeme und 3. die Überlebenseigenschaften der neuen Systeme unterscheiden (Abb. 6).

Information fließt als Bereicherung des genetischen Repertoires in ein Ökosystem ein, entweder durch die Ausbreitung eines Allels in einer bereits dem System angehörenden Population, oder durch Einwanderung einer neuen Art. Der grundlegende Unterschied zu den Evolutionsprozessen auf dem Artniveau liegt darin, daß die Gen-Pools der einzelnen Arten nicht misch- und hybridisierbar sind wie die Genotypen innerhalb einer Art. Durch Immigration und Emigration können große Mengen von Information dem System zugeführt werden, aber auch aus ihm verschwinden. Um als Botschaft verstanden zu werden, muß die Information eine gewisse Redundanz enthalten: neue Arten müssen in einer genügenden Individuenzahl zuwandern (MCARTHUR & WILSON, 1967) und neue Genotypen müssen in ausreichender Frequenz etabliert sein, um auf dem Systemniveau wirksam zu sein.

Die Triebkräfte der Informationsaufnahme sind die ökologischen Bedingungen, unter denen neue Arten einen Teil des Systemhypervolumens einzunehmen

suchen oder neue Eigenschaften in den Systempopulationen durch Änderung der Konkurrenzfähigkeit oder der Wirkungsgrade bestehende Nischenstrukturen und Flußraten ändern.
Einschränkungen des Informationsflusses werden durch die vorhandenen Ressourcen und die bereits etablierten Nischenstrukturen und interspezifischen Beziehungen bewirkt. Die bestehende konservative Struktur verhindert, daß durch den Informationsfluß zuviel Zufälligkeit in das System einfließt, indem die Chancen der erfolgreichen Etablierung neuer Arten und Genotypen stark eingeschränkt werden. Eine große Anzahl bereits vorhandener und gut abgestimmter Nischen (high niche packing) und enger interspezifischer Verbindungen machen Ökosysteme sehr resistent gegen neue Information.
Der Einbau der Information geschieht durch Einnischung neuer Arten und Genotypen im Systemhypervolumen und durch qualitative und quantitative Änderungen in den Verbindungen zwischen den Arten, wobei Flußbahnen geändert oder neu geschlossen und Rückkopplungen ausgebildet werden können.
Die gebundene Information reichert sich im System in Form von Strukturen und Funktionen an. Dabei kann die Artenmannigfaltigkeit (diversity) nach einem anfänglichen Ansteigen wieder zurückgehen (WILSON, 1969; FISHELSON, 1977) und dennoch der Informationsgehalt durch die steigende Zahl der Verbindungen zwischen den Arten weiter steigen.
Das Verhalten des Systems äußert sich in seinen Stabilitätseigenschaften, wobei die neuen Teile oder Verbindungen sowohl innere Stabilität als auch die Reaktion gegenüber äußeren Perturbationen beeinflussen können.
Konkurrierende Systeme, die das ursprüngliche ersetzen können, üben einen Selektionsdruck aus. Diese Verdrängungsvorgänge sind unter natürlichen Bedingungen langsame undramatische Abläufe, die kaum als solche beobachtet und erkannt werden. Menschliche Einflußnahme – etwa in der Veränderung der Beweidungsrate durch das Einführen oder Entfernen von Tierarten – hat jedoch eine Reihe auffälliger Beispiele geliefert.
Unterschiedliche Persistenz von Ökosystemen ist das Endergebnis des Wechselspiels von Informationseinbau und Selektion. Ökosysteme sind dabei – wie Genome – potentiell unsterblich. Daher bestimmt differentielles Überleben und nicht differentielle Reproduktion das Ausmaß der »Fitness«.

Systemdienlichkeit und Eigennutz

Der Selektionsvorteil einer Merkmalsänderung wird traditionellerweise an seinem Einfluß auf die unmittelbare Frequenzänderung des codierenden Allels im Genpool der Population (darwinische Fitness) gemessen.
Dabei wird die Umwelt, in der sich die Träger des Merkmals bewähren müssen, als weitgehend konstant und als trendbestimmend angesehen. Änderungen dieser Umwelt durch extreme Umstände, die eine Trendwende bedingen, werden als

besonders illustrative Beispiele für die Wirkungsweise der Selektion herangezogen. So ist der »Industriemelanismus« des Birkenspanners, der ursprünglich an helle, flechtenbewachsene Stämme angepaßt war, im Zuge der Verrußung der Baumstämme durch Industrieimmissionen und die Umkehr dieses Trends nach Einführung von emissionsverringernden Filteranlagen ein Paradebeispiel für die Anpassungspotenz von Organismen.

Über kurze Zeiträume und für Organismen oder Merkmalsänderungen, die für das Systemverhalten wenig bedeutungsvoll sind, mag die Annahme, einem Trend einen auf die Dauer positiven oder negativen Selektionswert zumessen zu können, gerechtfertigt sein. Auf längere Sicht und besonders, wenn die Merkmalsänderung basale Ökosystemfunktionen betrifft, muß die Wirkung dieser Änderungen auf die Ausgangsbedingungen, unter denen sie selektiert wurde, berücksichtigt werden.

SLOBODKIN (1964) hat das »Spiel der Evolution« mit einem Schachspiel verglichen, in dem der Wert jedes Zuges von der Konfiguration auf dem Brett abhängt und diese gleichzeitig wieder ändert. So mag die Etablierung eines Merkmals diejenigen Bedingungen, unter denen das Merkmal selektiert wurde, soweit ändern, daß sie sowohl für die Art als auch für das Ökosystem schädlich sein kann. Ein effizienterer Räuber wird nicht nur mehr Nachkommen zur nächsten Generation beitragen, sondern auch seine Beutepopulation und damit sein Ökosystem nachhaltig beeinflussen, wenn er eine gewisse Häufigkeit erreicht. Bei der Beurteilung des Überlebenswertes eines Merkmals ist damit nicht nur der Einfluß auf die Fitness des Individuums (Genotyps) sondern auch auf die Fitness des Systems zu beachten.

Die folgenden Kombinationen zwischen individueller und Systemfitness sind möglich (Abb. 7):

1. Eine Erhöhung der individuellen Fitness läßt die Systemfitness unverändert oder erhöht sie. In diesem Fall wird die »Darwinsche« Selektion das Merkmal rasch etablieren.
2. Wenn die individuelle Fitness verringert und gleichzeitig die Systemfitness unverändert oder verringert wird, so wird das Merkmal rasch im Selektionsprozeß ausgeschieden.
3. Merkmale, die eine Verringerung der individuellen Fitness, aber eine Erhöhung der Systemfitness bedingen, können nur unter speziellen Bedingungen fixiert werden. Die vorteilhafte Wirkung auf das System muß schon bei einer geringen Zahl von Merkmalsträgern deutlich werden und besonders die Merkmalsträger begünstigen. Das würde zu einem Äquivalent des »Reziproken Altruismus« auf dem Ökosystemniveau führen.
4. Merkmale, die die individuelle Fitness erhöhen, aber die Systemfitness verringern, werden sich vorerst in der Population, in der sie auftreten, ausbreiten.

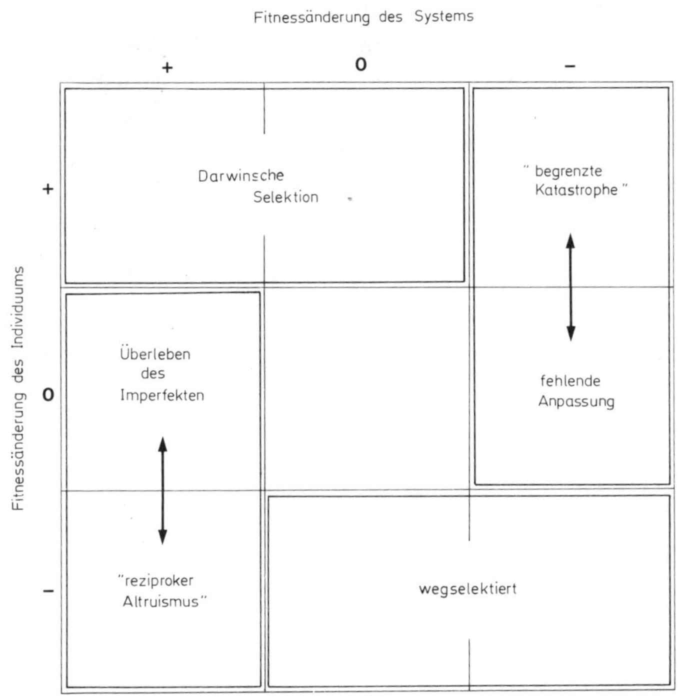

Abb. 7. Das Schicksal eines neuen Genotyps, der kurzfristige Änderungen der individuellen Fitness und langzeitige Änderungen des Systemverhaltens bedingt (s. Text).

Die nun verringerten Stabilitätseigenschaften des Systems werden aber dazu führen, daß dieses von einem konkurrierenden ersetzt wird. Damit verschwinden das System und die Art, die für die Veränderung verantwortlich war, in einer »begrenzten Katastrophe«. Wichtig dazu sind eine schnelle und starke Reaktion des Ökosystems und ein sehr geringer Genfluß zwischen den Populationen der merkmaltragenden Art, so daß das »eigennützige« Gen nicht Nachbarpopulationen infizieren kann.

5. Merkmale, die neutral gegenüber individueller Fitness sind, haben geringe Chancen etabliert zu werden. Wichtiger (häufiger) in dieser letzten Kombination ist das Nichtauftreten von Merkmalen (was als neutral gegenüber der kurzzeitigen individuellen Fitness angesehen werden kann). Ändert sich die Systemfunktion zum schlechteren und die Organismen können sich nicht anpassen, so wird eine »begrenzte Katastrophe« auch hier eintreten.

Wird die Systemfunktion jedoch durch das Nichtauftreten einer Merkmalsänderung begünstigt, so wird die gegebene Merkmalskombination durch zusätzliche Stabilität verstärkt. Dieser Fall ist interessant, denn er erlaubt es, die »altruistischen«, »permissiven« und »umsichtigen« Arten als solche zu verstehen, die nie »egoistisch«, »widerstandleistend« oder »gierig« geworden sind. Ihre scheinbaren Anpassungen an eine Systemfunktion erweisen sich als Imperfektionen der individuellen Anpassung.

Die Persistenz der Systeme, die diese »imperfekten« Populationen bewahren, und die Entfernung der »egoistischen Gene« in den »begrenzten Katastrophen« lassen uns den Überlebenswert der Wehrlosigkeit von Ameisenbär und Gras verstehen. Die Systemdienlichkeit des Verhaltens von »prudent predators« und »permissive prey« verliert zwar ihren Altruismus-Nimbus, gewinnt jedoch an Verständlichkeit.

Bedingungen für Langzeitstrategien

Wir haben guten Grund zur Annahme, daß die Langzeitstrategien der »prudent predators« und »permissive prey«, die erst über eine Zeitverzögerung von durchschnittlich weit mehr als einer Generationslänge der betroffenen Arten über das Ökosystem wirksam werden, unter der ständigen Bedrohung opportunistischer »Kurzzeitegoisten« stehen, deren Vorteil von Generation zu Generation wirksam wird. Die vielfältigen und wunderbaren Anpassungen, die wir in der Natur beobachten können, lassen es unwahrscheinlich erscheinen, daß es in der Evolution der Ameisenbären prinzipiell unmöglich gewesen wäre, eine gegen Insektenbisse unempfindliche Haut auftreten zu lassen, oder daß in der langen Geschichte der Bestandsbildner von Grasländern nie fraßhemmende sekundäre Pflanzensubstanzen aufgetreten sein könnten. Es gilt also festzustellen, unter welchen Voraussetzungen »begrenzte Katastrophen« diese Systeme vor perfekten Ausbeutern oder perfekten Verweigerern bewahrt haben.

Die Erkenntnisse der Populationsgenetik der letzten Jahrzehnte weisen darauf hin, daß Populationen keineswegs ein panmiktisches Milchkaffeesystem sind, in dem unbegrenzte Mischbarkeit der Genotypen besteht. Ganz im Gegenteil – Populationen erscheinen fein in Deme strukturiert, zwischen denen ein äußerst langsamer Genfluß besteht (Ehrlich & Raven, 1969). Für einfache Räuber-Beute-Systeme hat Gilpin (1976) gezeigt, daß unter bestimmten Voraussetzungen (»Totentanz«) ein übereffizienter Räuber mit seiner Beute zugrunde geht. Wagner & Ott (in Vorbereitung) entwickelten ein allgemeines Modell des »Survival of imperfections«, in dem die Wiederbesiedlungsrate durch konservative Genotypen die Aussterberate in »begrenzten Katastrophen« wettmacht. Das Modell zeigt einen zweiten stabilen Zustand, in dem der »egoistische« Genotyp in einer geringen Proportion der Deme persistiert. Eine Anzahl der Arten, die in Sukzessionen immer wieder kurzzeitig als Wegbereiter persistenter Gemeinschaften auftreten (»facilitation model«; CONNELL & SLAYTER, 1977) hat offensichtlich diese Überlebensstrategie gewählt.

Biologismus oder ökologische Ethik

Es ist nun die Frage zu stellen, ob und was aus diesen Überlegungen für die menschliche Gesellschaft zu lernen wäre. Es ist nicht Gegenstand dieses Artikels zu untersuchen, ob die Erkenntnisse der Biologie, soweit sie an Pflanzen, Tieren und Mikroben gewonnen wurden, auf den Menschen anwendbar sind. Zwischen den Gemeinsamkeiten basaler physiologischer Prozesse und den Gemeinsamkeiten, die sich durch Abstraktion auf allgemeinste Systembegriffe finden lassen, liegt ein weites Feld von Strukturen unserer Gesellschaft, deren durch Vernunft geschaffene Gesetze kein Gegenstück in der Welt der unvernünftigen Organismen haben. Zu rasch gezogene Vergleiche und besonders der Versuch, Homologa zu tierischem Verhalten oder organismischer Evolution in unseren gesellschaftlichen Strukturen aufzufinden, haben zu Recht zur Prägung des abwertenden Begriffs des Biologismus geführt.

Es ist jedoch erstaunlich, in welch hohem Maß etwa die Organisation einer Demokratie einem Evolutionsspiel gleicht, mit kurzen Generationszeiten für die Politiker von einer Wahl zur nächsten, wobei ein Programm (als Analog zum Genom) nur überleben kann, wenn es einen unmittelbaren Fitnessgewinn in der Form von Wählerstimmen bringt. Unser gesamtes Wirtschaftssystem ist auf Wachstum und Konkurrenz aufgebaut, in der der weniger Effiziente untergeht und es unmöglich erscheint, individuelle Privilegien zum Wohl der Gemeinschaft abzubauen. An diesen Grundprinzipien unserer Gesellschaft hat sich trotz der vielfachen Bedrohung unserer Existenz durch die rücksichtslose Ausbeutung unserer Ressourcen nichts geändert.

Wenn wir die Analogie weiter strapazieren, so haben wir festzustellen, daß die nötigen Voraussetzungen für ein »survival of the imperfect« und das Aussterben der übereffizienten Ausbeuter und konsequenten Verweigerer in »begrenzten Katastrophen«, die nur jene erfassen, die unbelehrbar sind, nicht gegeben sind. Die Ausbreitungsgeschwindigkeit der Äquivalente von Genotypen – Ideen, Programme, Technologien – ist in unserer Informationsgesellschaft so hoch, daß Rezepte für den persönlichen Kurzzeiterfolg schnell epidemisch werden.

Es bleibt die Hoffnung auf unsere Vernunft, die es erlaubt Szenarios zu konzipieren, die Folgen von Handlungen im vorhinein abzuschätzen und Ideen sterben zu lassen anstatt der Menschen, die diesen Ideen nachhängen.

Ganz im Gegensatz zum Konzept des Biologismus haben wir die Fähigkeit, uns von den grausamen Spielregeln der Evolution zu befreien und unser Schicksal unabhängig von begrenzten oder globalen Katastrophen zu machen.

Sehr viele Voraussagen der Wissenschaftler, die früh ihre warnende Stimme erhoben haben, sind bereits eingetroffen (COMMONER, 1963; EHRLICH, 1968;

Meadows et al., 1972; Odum, 1971). Ein Wettlauf hat begonnen, in dem die Zeit bis zur irreversiblen Schädigung unserer Biosphäre und die Zeit, die unser Lernprozeß dauert, eine kritische Rolle spielen. Die allgemeine Akzeptanz einer ökologischen Ethik, die sich heute noch überwiegend in der Konsumverweigerung, dem Recyclingverhalten und der freiwilligen Selbstbeschränkung einiger weniger »Aussteiger« äußert, könnte die nötige Beschleunigung bringen, um den Wettlauf für den Menschen in der Biosphäre zu entscheiden.

Literatur

Ardrey, R., 1966: The territorial imperative. New York: Athenum.
Buchner, P., 1965: Endosymbiosis of Animals with Plant-like Microorganisms. New York: Wiley Interscience.

Commoner, B., 1963: Science and Survival. New York: The Viking Press.
Connel, J. H., & R. O. Slayter, 1977: Mechanisms of succession in natural communities and their role in community stability and organization. Am. Nat. **111:** 1119–1144.
Cott, 1940: Adaptive colouration in animals. Oxford Univ. Press: London.
Curio, E., 1976: The Ethology of Predation. Zoophysiology and Ecology. Vol. 7. Berlin, Heidelberg, New York: Julius Springer.

Dawkins, R., 1976: The selfish gene. Oxford, New York: Oxford Univ. Press.
Dunbar, M. J., 1960: The evolution of stability in marine environments: Natural selection at the level of the ecosystem. Am. Nat. **94:** 129–136.
Dunbar, M. J., 1972: The Ecosystem as Unit of Natural Selection. Trans. Comm. Acad. Arts Sci. **44:** 113–130.

Ehrlich, P., 1968: The Population Bomb. New York: Ballantine Books.
Ehrlich, P., & P. H. Raven, 1969: Differentiation of Populations. Science **165:** 1228–1231.

Fishelson, L., 1977: Stability and instability of marine ecosystems, illustrated by examples from the Red Sea. Helgol. wiss. Meeresunters. **30:** 18–29.
Fisher, R., 1958: The genetic theory of natural selection (2. Ed.). New York: Dover.

Gerlach, S. A., 1978: Food-chain relationships in subtidal silty sand marine sediments and the role of meiofauna in stimulating bacterial productivity. Oecologia **33:** 55–69.
Gilpin, M. E., 1975: Group-selection in predater prey communities. Princeton: University Press.

Hamilton, W. D., 1972: Altruism and related phenomena, mainly in social insects. Annu. Rev. Ecol. Syst. **3:** 193–232.
Hochachka, P. W., & G. N. Somero, 1973: Strategies of biochemical adaptation. Philadelphia: Saunders.
Horn, H. S., 1973: The ecology of secondary succession. Annu. Rev. Ecol. Syst. **5:** 25–37.
Horn, H. S., 1975: Markovian properties of forest succession. In: Cody, M., & J. H. Diamond (Eds.): Ecology and evolution of communities. Cambridge: Harvard Univ. Press.

Janzen, D. H., 1971: Seed predation by animals. Annu. Rev. Ecol. Syst. **2:** 465–492.

Lang, J. C., 1973: Interspecific aggression by scleractinian corals. 2. Why the race is not only to the swift. Bull. Mar. Sci. **23:** 260–279.

LUBIN, Y. D., G. G. MONTGOMERY & P. Y. ORREY, 1977: Food resources of anteaters *(Edentata, Myrmecophagidae)*. I. A year's census of arboreal nests of ants and termites on Barro Colorado Island, Panama, Canal Zone. Biotropica **9:** 26–34.

MARGALEF, R., 1968: Perspectives in ecological theory. Chicago: Univ. Chicago Press.
MARGULIS, L., 1976: Genetic and evolutionary consequences of symbiosis. Exp. Parasitol. **39:** 277–349.
MCARTHUR, R. H., 1972: Geographical ecology patterns in the distribution of species. New York: Harper and Row.
MCARTHUR, R. H., & E. O. WILSON, 1967: The theory of island biogeography. Princeton, N. J.: Princeton Univ. Press.
MEADOWS, D., P. MEADOWS, E. ZAHN & P. MILLING, 1972: Die Grenzen des Wachstums. Stuttgart: Deutsche Verlagsanstalt.
MILLER, R. S., 1967: Pattern and process in competition. Adv. Ecol. Res. **4:** 1–74.

ODUM, E. P., 1969: The strategy of ecosystem development. Science **164:** 262–270.
ODUM, H. T., 1971: Environment, power and society. New York: Wiley Interscience.
OESER, E., 1976: Wissenschaft und Information. Systematische Grundlagen einer Theorie der Wissenschaftsentwicklung (3 Bde.). Wien, München: Oldenbourg.
OTT, J., 1981: Adaptive strategies at the ecosystem level: Examples from two benthic marine systems. P.S.Z.N.I: Marine Ecology **2:** 113–158.
OTT, J., & L. MAURER, 1977: Strategies of energy transfer from marine macrophytes to consumer levels: the *Posidonia oceanica* example. In: KEEGAN, B. F., P. O. CEIDIGH & P. J. BOADEN (Eds.): Biology of benthic organisms. Oxford: Pergamon Press.
OWEN, D. F., & R. WIEGERT, 1981: Mutualism between grasses and grazers: an evolutionary hypothesis. Oikos **36:** 376–378.

PAINE, R. T., 1966: Food web complexity and species diversity. Am. Nat. **100:** 65–75.
PIANKA, E., 1974: Evolutionary ecology. New York: Harper and Row.

RAPPORT, J. E., 1980: Optimal foraging for complimentary resources. Am. Nat. **116:** 324–346.
REICHLE, D. E., R. V. O'NEILL & F. HARRIS, 1975: Principles of energy and material exchanges in ecosystems. In: VAN DOBBEN, W. H., & R. H. LOWE-MCCONNEL (Eds.): Unifying concepts in ecology. Den Haag: W. Junk.
RIEDL, R., 1980: Biologie der Erkenntnis. Die stammesgeschichtlichen Grundlagen der Vernunft (unter Mitarbeit von R. KASPAR). Berlin, Hamburg: Paul Parey.
SANDERS, H. L., 1969: Benthic marine diversity and the stability-time hypothesis. In: WOODWELL, G. M., & H. H. SMITH (Eds.): Diversity and stability in ecological systems. Upton, N. Y.: Brookhaven National Laboratory.
SCHOENER, T. W., 1971: Theory of feeding strategies. Annu. Rev. Ecol. Syst. **2:** 369–404.
SHAW, J. H., & T. S. CARTER, 1980: Giant anteaters. Nat Hist. **89:** 62–67.
SLOBODKIN, L. B., 1964: The strategy of evolution. Am. Sci. **52:** 342–357.
SLOBODKIN, L. B., 1968: How to be a predator. Am. Zool. **8:** 43–51.
SLOBODKIN, L. B., & H. L. SANDERS, 1969: On the contribution of environmental predictability to species diversity. In: WOODWELL, G. M., & H. H. SMITH (Eds.): Diversity and stability in ecological systems. Upton, N. Y.: Brookhaven National Laboratory.
STEARNS, S. C., 1976: Life-history tactics: a review of the ideas. Quart. Rev. Biol. **51:** 3–47.

TAYLOR, D. L., 1974: Symbiotic marine algae. Taxonomy and biological fitness. In: VERNBERG, W. B. (Ed.): Symbiosis in the sea. Columbia, SC: Univ. South Carolina Press.
TERTSCHNIG, W., 1984: Sea urchins in seagrass communities: resource management as functional perspective of adaptive strategies. Galway: Proc. of the Echinoderm Conference. Im Druck.
TRAER, K., 1980: The consumption of *Posidonia oceanica* DELILE by Echinoids at the Isle of Ischia. In: JANGOUX, M. (Ed.): Echinoderms: present and past. Rotterdam: Balkeema.

TRIVERS, R. L., 1971: The evolution of reciprocal altruism. Quart. Rev. Biol. **46:** 35–57.

WAGNER, G. P., & J. A. OTT, 1985: On the evolutionary stability of ecosystems against the development of overefficient or refused exploitation and the evolution of migration modifiers. In Vorbereitung.

WILLIAMS, G. C., 1971: Groupselection. Chicago: Aldine Atherton.

WILSON, E. O., 1969: The species equilibrium. In: WOODWELL, G. M., & H. H. SMITH (Eds.): Diversity and stability in ecological systems. Upton, N. Y.: Brookhaven National Laboratory.

WILSON, E. O., 1975: Sociobiology: The new synthesis. Cambridge: Belknap Press of Harvard University Press.

WYNNE-EDWARDS, P. C., 1962: Animal dispersion in relation to social behaviour. Edinburgh: Oliver and Boyd.

Die systemtheoretische Innovation der Evolutionslehre

Historische und erkenntnislogische Voraussetzungen einer Theorie der Systembedingungen der Evolution

Franz M. Wuketits

Einleitung

Während am stammesgeschichtlichen Artenwandel und an der realhistorischen Verwandtschaft aller Lebewesen kein ernsthafter Biologe Zweifel hegen kann, steht die Frage nach den *Mechanismen* der Evolution heute wieder im Brennpunkt lebhafter Debatten. Freilich war man, seit Mitte der vierziger Jahre etwa, vielerorten mehr und mehr der Meinung, daß die Evolution des Lebenden durch die *Synthetische Theorie* und das im Rahmen dieser Theorie postulierte Faktorengefüge (Mutation, Selektion) hinreichend erklärt sei. Was die bahnbrechenden Werke beispielsweise von Dobzhansky (1951), Mayr (1967), Rensch (1972) und Simpson (1953) signalisieren, ist denn auch nicht weniger als der endgültige Triumphzug der Selektionstheorie in jener ihr von Darwin (1859) verliehenen Form:

Im Wettbewerb ums Überleben wirkt der Opportunismus der Selektion, der natürlichen Auslese, und nur diejenigen Varianten bleiben bestehen, die eine relativ optimale Anpassung an die jeweils herrschenden – von der Außenwelt des Lebewesens definierten – Bedingungen zeigen.

Womit auch, so meinte man, alle diejenigen Gedankengebäude verabschiedet worden wären, die »inneren Mechanismen« im Evolutionsgeschehen Platz machen. Die Synthetische Theorie also, gestützt auf die Säulen der Genetik und Populationsforschung, hatte die Abstammungslehre gesäubert von allen ihr anhaftenden naturphilosophischen »Spekulationen«.
Es mag daher von den orthodoxen Verfechtern der Synthetischen Theorie als unangenehm empfunden werden, wenn Riedl schon im Vorwort seines Buches »Die Ordnung des Lebendigen« (1975) zu verstehen gibt: *»Ein Konzept der Phylogenie* aber, das auf opportunistischer, kurzsichtiger Auswahl gelegentlicher Zufallsfehler in der Transmission von Bauvorschriften beruht, muß ... dort versagen, wo die entstehende Gesetzmäßigkeit gewaltige, eternale Formen

annimmt. Diesen ordnenden Mechanismus nicht zu kennen, bildet eine Lücke im Konzept.« Die Erkenntnisschritte auf dem Weg zu einem Evolutionskonzept nachzuvollziehen, das diesem »ordnenden Mechanismus« gerecht wird, das in seiner Tragweite zu einer Innovation unserer Evolutionsvorstellungen führt, ist Aufgabe meines vorliegenden Beitrags. Der Leser möge die oft apodiktische Ausdrucksweise mit der nötigen Kürze der Darstellung entschuldigen.

Evolutionstheorien nach Darwin

Daß Darwin nicht der erste war, der den Evolutionsgedanken ins Auge faßte, ist dem Biologiehistoriker heute ebenso bekannt wie jener Umstand, daß Darwin kein so konsequenter »Darwinist« war wie so mancher seiner Epigonen. Keineswegs sah Darwin in der Selektion die einzige, letztgültige Erklärung für den phylogenetischen Artenwandel, sondern er räumte auch der Lehre von der »Vererbung erworbener Eigenschaften« im Sinne von LAMARCK (1809) ihre Bedeutung bei und führte, zumal in seinem späteren Werk, den Erklärungsregreß bis zu der etwas obskuren »Pangenesis-Hypothese«[1] weiter (s. OESER, 1974; WUKETITS, 1982).

Aber wie dem auch sei – man wird nicht leugnen können, daß es Darwin war, der das Fundament legte für spezifische Evolutionsanschauungen des 19. wie auch des 20. Jahrhunderts; diese sind, wie immer sie im Detail voneinander abweichen mögen, *selektionistisch* geprägte Anschauungen. Die »treibende Kraft«, die »richtunggebende Komponente« des Evolutionsgeschehens ist dabei die Selektion, ein mechanisch wirkendes Prinzip, angenommen gemäß jener Tradition neuzeitlicher Naturforschung, die die Kausalität in der Hauptsache mit der aristotelischen Antriebsursache, *causa efficiens,* gleichstellt bzw. auf diese reduziert (s. WUKETITS, 1980). So kommt es auch nicht von ungefähr, daß die Selektionstheorie Darwins bereits – weit mehr aber noch spätere, auf ihr aufbauende Theorien – den Gedanken an eine Zweckmäßigkeit (Teleologie) im Organischen überflüssig erscheinen lassen sollte. Und jedenfalls ist es die Selektionstheorie Darwins, die sozusagen den harten Kern der meisten Evolutionsvorstellungen auch des 20. Jahrhunderts repräsentiert. Diese – wie gesagt: selektionistischen – Vorstellungen aus neuerer Zeit sind gewissermaßen immer größere, um jenen Kern gezogene Kreise. Es handelt sich dabei – in historischer Reihenfolge – vor allem um die als *Neodarwinismus* gekennzeichnete Theorie und eben die Synthetische Theorie der Evolution.

Der Neodarwinismus, der zu Beginn unseres Jahrhunderts deutliche Konturen anzunehmen begann, ist die erste Innovation der originären Lehre Darwins. Diese Innovation wurde unter dem Eindruck der rasch sich entwickelnden Erkenntnisse aus Embryologie und Zytologie, hauptsächlich aber als Folge der Wiederentdekkung Mendels und der *Vererbungslehre* in die Wege geleitet. Wie schon Bateson (1902) bemerkte, muß die (Wieder-)Entdeckung der von Mendel gefundenen Vererbungsprinzipien das Studium der Evolution in eine neue Phase führen. Das hat sie auch. Waren Darwins Kenntnisse über Vererbung noch verhältnismäßig bescheiden, hatte man nunmehr ein Konzept zur Hand, das die Evolutionsmechanismen auch im genetischen, im *genotypischen* Bereich aufzuspüren erlaubte. Darwins phänotypische Version der Evolutionstheorie wurde also um entscheidende Erkenntnisse bereichert, neue Objektfelder des Organismus waren erschlossen, dem Konzept der Selektion neue Dimensionen zugänglich gemacht. Daher ist es durchaus legitim, von der »klassischen« Lehre Darwins, von der klassischen Selektionstheorie, eine *genetische Theorie* der Evolution abzuheben (Hull, 1974), die zeitlich etwa zwischen 1900 und 1930 sich profiliert hatte. Diese zwar auf Darwins Theorie beruhende, sie aber übersteigende (und genetisch fundierte) Evolutions-(Selektions-)Theorie kann – wie Simpson (1953) vorschlug – als Neodarwinismus im engeren Sinne bezeichnet werden, wovon historisch und im Hinblick auf ihre Argumentationsstruktur wiederum die Synthetische Theorie der Evolution abzuheben wäre (zusammenfassend dargestellt von Wuketits, 1984).

Die Synthetische Theorie ist der zweite, der größere um den Kern der Selektionstheorie Darwins gezogene Kreis. Die Theorie also ist eine abermals auf den Grundideen Darwins beruhende Erklärung der Evolutionsmechanismen, aber unter Hinzunahme der in den dreißiger und vierziger Jahren gewonnenen Resultate der Populationsbiologie bzw. Populationsgenetik. Das Studium der Evolutionsmechanismen stand somit im zweiten Drittel unseres Jahrhunderts maßgeblich im Zeichen der Untersuchung von *Populationen,* Fortpflanzungsgemeinschaften, d. h. Gruppen »von Individuen (derselben Art), die zu gleicher Zeit im gleichen Raum leben und sich potentiell miteinander sexuell fortpflanzen können« (Osche, 1972). Gegenüber der neodarwinistischen Evolutionstheorie zeichnet die Synthetische Theorie sich mithin dadurch aus, daß sie die Population als neues Objektfeld der Evolutionsforschung ins Spiel bringt. »Die Synthetische Theorie hat das Betrachtungsniveau der Evolution durch die Kategorie der Population quasi nach oben hin – zu überindividuellen Bezugssystemen – erweitert. Somit zeichnet sich die ›neue Synthese‹ auch durch eine grundlegende Erweiterung des Bezugsrahmens für die Wirkung der Evolutionsfaktoren (besonders der Selektion) aus« (Wuketits, 1984). Auf eine Kurzformel gebracht bedeutet die Synthetische Theorie: »Darwin plus klassische Genetik plus Populationsgenetik«.

Hinsichtlich der Evolutionsmechanismen attestiert die Synthetische Theorie, wie angedeutet, der Selektion und den Mutationen überragende Bedeutung. Die Selektion wird als »richtende Kraft« der »ungerichteten« erblichen Varianten angesehen; die Theorie operiert also mit zwei unabhängigen Faktoren, wobei die

Selektion, wie Osche (1972) hervorhebt, »unter der Fülle der richtungslosen erblichen Varianten der Organismen jene bevorzugt, die für deren Lebensbedingungen die größere Eignung und damit die bessere Anpassung aufweisen« (im Original kursiv). Daneben werden von den Protagonisten der Synthetischen Theorie noch weitere Faktoren berücksichtigt, so vor allem Isolationsmechanismen, Schwankungen der Populationsgröße und andere – stets aber unter der Prämisse, daß die Selektion wirksam ist.

Zu den zentralen Elementen der Synthetischen Theorie gehört nun ferner die Behauptung, daß alle auf dem Artniveau festgestellten Evolutionsmechanismen auch auf transspezifischer Ebene ihre uneingeschränkte Gültigkeit haben, daß also für die Entstehung »höherer Kategorien« *(transspezifische Evolution)* dieselben Mechanismen gelten wie für die Ausbildung der Arten, Unterarten und Rassen *(infraspezifische Evolution)*. Demnach werden die bei der Artbildung (oder auch Mikroevolution) ermittelten Faktoren auf die Entstehung der Gattungen, Familien usw., ja die Entstehung ganzer neuer Baupläne (»Stämme«) (also die Makroevolution) übertragen. Und gestützt auf eine Reihe eigener Untersuchungen als auch weiterer Ergebnisse anderer Evolutionsbiologen hat Mayr (1967) lapidar festgestellt, »daß es im wesentlichen dieselben genetischen und selektiven Faktoren sind, die für den evolutiven Wandel auf der Stufe der Art wie darüber hinaus (transspezifisch) verantwortlich sind, und daß es irreführend ist, einen Unterschied zwischen der Kausalität der Mikro- und Makroevolution zu machen.« Damit schien die Frage nach den Evolutionsfaktoren für viele auch erledigt – und erledigt schienen anders geartete Evolutionsvorstellungen, worauf ich noch kurz zurückkommen werde.

Zu bemerken bleibt hier noch, daß die in den fünfziger Jahren etablierte Molekularbiologie nicht unwesentlich zur Festigung der Synthetischen Theorie beigetragen hat. Zumindest angedeutet sei an dieser Stelle, daß das sog. *zentrale Dogma der Genetik* (der erste Hauptsatz der Molekularbiologie) die in der Synthetischen Theorie dekretierte Kausalität der Evolution hervorragend abzustützen scheint. Die »Flußrichtung« der genetischen Information nämlich wird dabei so festgelegt:

$$\text{DNA} \rightarrow \text{RNA} \rightarrow \text{Protein}$$

Dies heißt, mit anderen Worten, daß alles Neue in der Evolution nur auf der Grundlage von Änderungen der in der DNA chemisch verschlüsselten Erbinformation entstehen kann (s. a. Maynard Smith, 1975). Womit auch, wie zu bedenken bleibt, für Lamarcks Annahme einer Vererbung individuell erworbener Eigenschaften kein Platz mehr zur Verfügung steht[2].

Die Unzufriedenheit mit der orthodoxen Theorie

Es gehört aber gleichsam zum Wesen (natur-)wissenschaftlicher Theorienbildung, daß die »jeweils gängige« Theorie in einem bestimmten Problembereich so gut wie nie von *allen* damit vertrauten Forschern geteilt wird. So war und ist es auch mit den selektionistisch ausgerichteten Evolutionstheorien, die ich in Tabelle 1 nochmals Revue passieren lasse.

Die Unzufriedenheit mit der orthodoxen Theorie des Darwinismus, die also später im Neodarwinismus und dann in der Synthetischen Theorie in jeweils erweiterter Form präsentiert wurde, spiegelt sich unter anderem im Rückgriff auf »innere Mechanismen« bei verschiedenen Autoren. RIEDL (1975) hat nicht weniger als 26 Biologen seit 1876 (dem Todesjahr von K. E. v. Baer) bis in die jüngste Vergangenheit aufgezählt – Biologen, die allesamt eine »dritte Kraft« (neben Selektion und Mutation) für das Evolutionsgeschehen postulieren. »Es scheint mir unmöglich«, schreibt RIEDL (1975), »die gemeinsame Ursache all dieser Bemühungen übergehen zu können; zumal die Sorge, ein so profundes Problem wie dieses zu übersehen, bereits von vier Generationen und von den verschiedensten Gesichtspunkten aus vorgebracht wird.«

Freilich haben diejenigen, die innere Mechanismen in der Evolution annehmen, nicht selten einem *Vitalismus* das Wort geredet, der jedoch keinen Erklärungswert besitzt. Was, bitte, soll denn ein *élan vital* (BERGSON, 1907) erklären? Ebensogut könnte man – wie J. Huxley einmal gesagt haben soll – die Funktionsweise einer Lokomotive auf einen *élan locomotif* zurückführen, wonach aber die Lokomotive weiterhin ein Rätsel bliebe. Es darf uns also nicht wunder nehmen, wenn – unter dem Eindruck der sehr erfolgreichen Forschungen in Genetik und Molekularbiologie – eine große Zahl von Evolutionstheoretikern sich von allem

Tab. 1. Die selektionistisch ausgerichteten Evolutionstheorien, die jeweils herangezogenen Gebiete empirischer Foschung und die dabei als maßgeblich erachteten Evolutionsfaktoren (aus WUKETITS, 1984).

DARWINS ursprüngliches Erklärungssystem (Selektionstheorie i. e. S.)	primär: Haustierzucht und Biogeographie; teilweise Berücksichtigung anderer Gebiete (z. B. Embryologie)	Selektion (auf der Basis der Nachkommenüberproduktion); später auch individuelle Anpassung
Neodarwinismus (Anfang des 20. Jahrhunderts)	Zusätzlich zu den von DARWIN berücksichtigten Gebieten: Genetik (MENDEL), Zellbiologie	Selektion, ungerichtete Ereignisse (Mutationen)
Synthetische Theorie (etwa ab 1935, z. B. DOBZHANSKY, MAYR, RENSCH, SIMPSON)	Zur klassischen Genetik: vor allem Populationsgenetik und später (etwa ab 1950) Molekulargenetik; darüber hinaus Berücksichtigung praktisch sämtlicher biologischer Disziplinen	primär: Selektion, Mutation, genetische Rekombination

abwandte, was nur irgendwie an die Metaphysik des Vitalismus erinnert. »Als Reaktion auf ungezügelte Phantasie pflegt sich aber meist ein mehr oder minder konsequenter *Reduktionismus* zu etablieren« (KASPAR, 1980), womit wiederum die Gefahr gegeben ist, daß bestimmte Probleme einfach unter den Tisch gefegt werden. Also:

▷ Hier jene selektionistisch geprägte Auffassung, die den Organismus als Spielball externer Kräfte erscheinen läßt,
▷ dort die vitalistisch verbrämte Sehweise des Lebendigen, wo der Organismus gleichsam die Entäußerung spiritueller Prinzipien sein soll;
▷ hier die Evolution als Folge blinder Zufälle (Mutationen) und opportunistisch wirkender Ausleseprinzipien (Selektion),
▷ dort als Resultat »geheimer Kräfte«, die dem ganzen Geschehen angeblich Richtungssinn verleihen. Eine höchst unbefriedigende Situation.

Nun hatten sich, nicht zuletzt wegen der spürbaren Mängel des Selektionskonzepts in der klassischen Theorie Darwins wie in der Synthetischen Theorie, verschiedene Autoren zu einer neuen Synthese genötigt gesehen, einer Synthese, die den Verdiensten Darwins und seiner Fürsprecher ebenso gerecht werden soll wie ihren Kritikern. Erwähnen möchte ich hier nur BERTALANFFY, der in seiner »General System Theory« (1968) ein Naturbild jenseits von Mechanismus (Reduktionismus) und Vitalismus angesetzt hat *(Organizismus)* und auch an anderer Stelle (BERTALANFFY, 1970) bemerkte: »Die organismische Betrachtungsweise impliziert gewisse Schlüsse in bezug auf den genetischen Code... Allerdings kann dieser Code nicht in einer zufälligen Aufeinanderfolge von ›Wörtern‹ (Nukleotidtripletts) bestehen... Es muß also irgendeine Art von Ordnung geben, sonst würde der DNS-Code – bestenfalls – einen Proteinklumpen hervorbringen, nicht aber ein organisiertes System – ein Bakterium, eine Fliege oder einen Menschen.« Gewiß, es muß »irgendeine Art der Ordnung« geben, wenn wir uns – wofür jedoch viele heutige Menschen in einer technisierten, »vollautomatisierten« Welt längst den Blick verloren haben – nur die ungeheure Mannigfaltigkeit lebender Wesen vor Augen führen. Diese Mannigfaltigkeit des Organischen, diese Millionen von Organismenarten aus vergangenen erdgeschichtlichen Epochen wie aus der Gegenwart, sind doch die Zeugen »ordnender Prinzipien« und können jeden an den bloßen Zufall Glaubenden Lügen strafen. »Daß die Selektion wahlloser Zufallsprodukte«, so erinnert sich RIEDL (1984), »das natürliche System der Organismen nicht erklären konnte, blieb eine Grundfeste meiner Opposition während meines Studiums.«[3] Und es war eben die Opposition zum Konzept der Synthetischen Theorie.
Diese Opposition erklärt sich vor allem auch durch den Umstand, daß verschiedene Phänomene der transspezifischen Evolution sich nicht ohne weiteres einem strikt selektionistischen Konzept unterordnen lassen. Gemeint sind damit – um

hier weiter RIEDL (1975) zu folgen – beispielsweise die Phänomene der *Orthogenese,* also der »Richtung« in der Evolution, ganz offenkundige Phänomene, die jedem Paläontologie-Studenten schon im Anfängerkolleg etwa durch die »Pferdereihe« vor Augen geführt werden. Wie also kommt dieser »Richtungssinn« zustande? Oder, um ein weiteres schwerwiegendes Problem zu erwähnen, wie kommt es zur Entstehung eines neuen *Typus* in der Evolution, eines neuen *Bauplans?*

Nicht, daß diese und andere Probleme im Rahmen der Synthetischen Theorie übersehen worden wären. Vielmehr wird man bei MAYR (1967), RENSCH (1972) und SIMPSON (1953) schon ausführliche Auseinandersetzungen damit finden, wobei aber der Rückzug auf die im Bereich der infraspezifischen Evolution ermittelten Faktoren abermals zu bemerken ist. So gelangt MAYR (1967) zu dem Schluß: »Die evolutive Bedeutung der Arten ist jetzt völlig deutlich. Mag der Evolutionsforscher auch von umfassenden Phänomenen, wie Trends, Adaptationen, Spezialisationen und Regressionen, sprechen, sind sie doch alle nicht zu trennen von dem Fortschreiten der Wesenheiten, an denen sich alle diese Erscheinungen entfalten, nämlich der Arten. Arten als die zeitweilige Verkörperung harmonischer, wohlintegrierter Genkomplexe sind die realen Einheiten der Evolution. Und Artbildung, die Erzeugung neuer Genkomplexe, die zu ökologischen Verschiebungen fähig sind, ist der Weg, auf dem die Evolution fortschreitet.« Solchen Behauptungen wird man ja kaum widersprechen können – doch bleibt die Frage, ob jene »umfassenden Phänomene« hinreichend erklärt sind, wenn sie auf das Kräftespiel von zufälligen Mutationen und opportunistisch wirkenden Selektionsmechanismen zurückgeführt werden.

Kurzum: So elegant der Erklärungsansatz der Synthetischen Theorie auch sein mag, so sehr er sich unterscheidet von den obskuren Lebensformeln der Vitalisten und Finalisten, so erweist es sich doch, daß verschiedene Fragen unbeantwortet bleiben. Eben jenes Phänomen der *Ordnung des Lebenden* – von der Organisation der Proteinmoleküle bis zur Funktionsweise des menschlichen Zentralnervensystems – hat so manchen nachdenklich gestimmt: ob also jenes Phänomen tatsächlich nur eine Folge genetischer Zufallstreffer und eine Auslese von seiten der Außenwelt des Organismus sein könne. Mitnichten! Wie RIEDL (1976) in metaphorischer Weise zum Ausdruck bringt: »Der Konstrukteur der Mutationen, der Erbänderung, ist völlig blind. Es ist der molekulare Zufall. Er weiß nie, was er tut. Der andere, die Selektion durch das Milieu, ist ebenso anerkanntermaßen völlig konzeptlos. Er ist ein kurzsichtiger Opportunist, der, bar jeglicher Voraussicht, dennoch fortgesetzt über Tod und Tolerierung entscheidet.«

Kein Zweifel also: Mit dem Selektionskonzept hat man seine liebe Not, und die Unzufriedenheit mit der »orthodoxen Theorie«, seit den vierziger Jahren also mit der Synthetischen Theorie, wird im mindesten von zwei Quellen gespeist.

Zum einen ist es schwer zu begreifen, daß der Organismus ein »Spielball externer

Kräfte« sein soll, daß er durch die Außenwelt via Selektion formbar ist und daß die Lebewesen in der Evolution seit nunmehr über drei Jahrmilliarden auf Gedeih und Verderb der Selektion seitens ihrer jeweiligen Umwelt ausgeliefert sind. Zum zweiten aber – und dieses Ressentiment folgt unmittelbar aus dem ersten – hat es die Evolution doch zuwege gebracht, eine Ordnung des Lebenden von geradezu ungeheuren Ausmaßen zu schaffen. Wodurch? Durch einen blinden und einen kurzsichtigen Konstrukteur?

Ein Blick zurück in die Geschichte zeigt uns, daß – und es waren (wohlgemerkt!) keineswegs nur Vitalisten, die das bemerkten – allerdings auch der *intraorganismische* Aspekt in der Beschreibung und Erklärung des Lebenden eine wichtige Rolle gespielt hat. Der Physiologe BERNARD (1813–1878) sprach von einem *milieu intérieur,* einem »inneren Milieu« der Lebewesen, und ROUX (1850–1924) postulierte die *Selbstregulation* als ein nicht-vitalistisches (!) Prinzip alles Lebenden. Und ist es nicht eine im Grunde simple Tatsache, daß jeder Organismus über ein komplexes, strukturiertes »Binnenmilieu« verfügt? Gewiß, kein Lebewesen wäre, unter welchen äußeren Bedingungen (Umweltbedingungen) auch immer, lebensfähig, wenn es nicht vermöge spezifischer Rückkoppelungs- bzw. Selbstregelungsmechanismen die einwirkenden Umweltreize sozusagen bewältigen könnte. Eine gleichsam harmonische Abstimmung einzelner Teile des Organismus aufeinander und eine nicht minder harmonische Beziehung des Lebewesens zu seinen Umweltstrukturen sind also offenbar gegeben. Dies wurde durchaus auch von einigen Repräsentanten der Synthetischen Theorie richtig erkannt, so von RENSCH (1968), wenn er die *Entharmonie* als zweckentsprechende Abstimmung einzelner Struktur- und Funktionskomponenten des Lebewesens und die *Epharmonie* als das ebenso zweckmäßige Eingefügtsein des Organismus in einen bestimmten Biotop hervorhebt. Wenn man aber solches zugesteht, dann ist eine Erweiterung der Theorie die zwingende Konsequenz.

Eine Theorie der Systembedingungen der Evolution

Um hier nicht mißverstanden zu werden: Im Prinzip sind die selektionistisch orientierten Theorien – das Konzept Darwins, der Neodarwinismus, die Synthetische Theorie – richtig, aber sie bleiben unvollständig, solange den apostrophierten inneren Mechanismen nicht die nötige Beachtung geschenkt wird. Denn das, was evolviert, was den externen (Selektions-)Bedingungen ausgesetzt ist, ist stets ein *lebender Organismus* mit einem strukturierten inneren Milieu, dem Ensemble seiner Regulations- und Wechselwirkungsmechanismen zwischen den einzelnen Funktionsteilen. Genauso berechtigt also war die Forderung einer Beachtung der inneren Mechanismen. Daraus erhellt, daß die in der Geschichte der Biologie seit dem 19. Jahrhundert miteinander konkurrierenden Theorien des Lebendigen –

der »Selektionismus« auf der einen, der Organizismus auf der anderen Seite – in einem weiteren Erkenntnisschritt zu vereinen sind. Das Resultat dieser Synthese ist eine *Theorie der Systembedingungen der Evolution,* eine *Systemtheorie der Evolution* (RIEDL, 1975, 1976, 1977; s. a. KASPAR, 1981; WAGNER, 1981, 1983; WUKETITS, 1980, 1981, 1982). Es ist hier nicht meine Aufgabe, die empirisch-biologische Fundierung dieser Theorie abzuhandeln, zumal sich im vorliegenden Band ein anderer Beitrag (WAGNER) dieser Aufgabe widmet; jedoch möchte ich in der Folge einige erkenntnistheoretisch und naturphilosophisch relevante Gesichtspunkte dazu darlegen.

Wie gesagt, gefordert wurde häufig die Berücksichtigung der inneren Bedingungen (des Organismus) in der Evolutionslehre. Zu erfüllen ist dieses Postulat nur auf der Grundlage zweier umfassender Denkkonzepte in der Naturwissenschaft des 20. Jahrhunderts: das eine ist die *Kybernetik,* das andere die *Systemtheorie.* Die Kybernetik versteht sich als Regelungs- oder Steuerungslehre; als solche ist sie auf vielfältige Probleme der Naturwissenschaften anwendbar, findet aber auch in anderen Bereichen des Denkens ihre Anwendung. Die Möglichkeit einer Synthese von vorher getrennt voneinander betrachteten Phänomenen wird einsichtig: denn die Kybernetik untersucht verschiedene Gegenstände unter einheitlichem Aspekt (eben dem Aspekt der Regelung). Für eine Erweiterung der Evolutionslehre aber ist die Kybernetik deshalb von Bedeutung, weil sie das Phänomen der Selbstregulation aus jeder vitalistischen Spekulation herausnimmt und endlich auch durch formale naturwissenschaftliche Methoden behandelt.

Die Systemtheorie nimmt die kybernetische Betrachtungsweise auf und baut sie weiter aus. Es war insbesondere das Konzept der *offenen Systeme* und des *Fließgleichgewichts* (BERTALANFFY, 1968, sowie in früheren Arbeiten), welches wegweisend werden sollte für eine umfassende Theorie des Lebenden, die entsprechende Konsequenzen für die Evolutionstheorie impliziert. Nur drei Punkte seien in diesem Zusammenhang erwähnt (s. WUKETITS, 1983):

- ▷ Im Lichte der Systembetrachtung erscheint die Evolution nicht als Folge einseitig wirkender Faktoren, sondern als komplexes Geschehen von Rückkoppelungen und Wechselwirkungen: als ein Systemprozeß bzw. *Systemoptimierungsprozeß.*
- ▷ Die Wechselwirkung zwischen den Elementen der Vererbung, das *epigenetische System*[3], erhält eine breite theoretische Untermauerung. Zwischen dem Genotypus und seinen phänotypischen Manifestationen sind Wechselwirkungen anzunehmen; dieses Prozeßgefüge ist nämlich komplizierter als es das oben erwähnte zentrale Dogma der Genetik suggeriert.
- ▷ Auch die Entstehung des Lebens auf der Erde ist – entgegen älteren Vorstellungen – als Systemprozeß erklärbar. Der Ursprung lebender Systeme erweist sich als Folge der *materiellen Systemdynamik.*

Insgesamt also kann die Evolution kein linearer Prozeß sein, in dessen Verlauf die Lebewesen sich Schritt für Schritt an gegebene Umweltbedingungen anpassen, kein geradliniges Fortschreiten vom einen zum anderen »Ereignis«; vielmehr muß angenommen werden, daß auf jeder »Stufe« der Evolution die Regelungsmechanismen des Lebewesens mit der Umwelt in Wechselwirkung treten und daß Organismus und Umwelt in jedem Falle ein komplexes System von Wechselabhängigkeiten bilden. Der Faktor der Selektion wird dabei selbstverständlich nach wie vor als maßgeblich erachtet, jedoch soll die Selektion nicht allein als Außenselektion verstanden werden, sondern auch als *Binnenselektion.*

Was in den letzten Jahren von verschiedenen Autoren wiederholt ausgesprochen wurde – daß also neben der externen auch eine interne, intraorganismische Selektion wirksam ist (s. z.B. GOULD, 1982; GUTMANN & BONIK, 1981; HAMMEN, 1983) –, findet sich bei RIEDL (1975, 1977) im Rahmen einer Systemtheorie der Evolution auf breitester Basis dargelegt und begründet. Zwar »beansprucht die Theorie ... nur die uns schon bekannten Mechanismen von Mutation und Selektion: Sie weist jedoch mit den Methoden einer *Wahrscheinlichkeitstheorie* nach, daß eben jene Mechanismen in ein System von Wechselabhängigkeiten einlenken. Damit geht unser Evolutionskonzept von einer linearen oder exekutiven zum Erkennen vernetzter oder funktioneller Kausalität über, wie sie allgemein zu fordern ist. Solch ein biologisches Konzept entspricht strukturell einer *Systemtheorie*« (RIEDL, 1975). Funktionelle Kausalität – dies bedeutet, daß nirgends in der Evolution durch eine lineare Kausalkette Ereignisse bedingt werden, sondern daß jede Wirkung, jedes Ereignis, auf die eigene(n) Ursache(n) auch zurückwirkt. Wir haben also von kausalen Vernetzungen auszugehen. Und ein weiteres Mal ist dabei zu betonen, daß der »Fluß« genetischer Information von der DNA zum Protein, d.h. zum lebenden Organismus, eingebettet ist in ein komplexes Netzwerk von Beziehungen, woraus folgt, daß zwischen dem Genom eines Lebewesens und seinen phänotypischen Merkmalen eben auch eine wechselseitige Beeinflussung gegeben ist (s. a. KASPAR, 1980; WAGNER, 1981).

Erst vor dem Hintergrund eines erweiterten Kausalitätskonzepts – erweitert von der linearen zur funktionellen Kausalität – sind mithin die inneren Mechanismen des Evolutionsgeschehens zu begreifen, ohne damit das vitalistische Gerede von »Lebenskräften« fortzusetzen.

Dabei kann es nun allerdings nicht darum gehen, die inneren von den äußeren (Selektions-)Mechanismen strikt zu trennen; denn beide bilden ein System von Wechselabhängigkeiten und die Evolution ist nur auf dieser Basis zu verstehen. Zu betonen ist auch, daß – wie bereits oben angedeutet – die Theorie der Systembedingungen nicht etwa im Widerspruch steht zur Synthetischen Theorie. RIEDL (1975) schreibt dazu: »Es gibt keinen echten Widerspruch zwischen der Synthetischen Theorie ... und den Vertretern ›innerer Prinzipien‹ des Typus- wie des Orthogenese-Theorems ... Es gibt aber ein allgemeines Gesetz der Struktur (als den statischen Aspekt), denn unsere Theorie erklärt seine Grundphänomene; und es gibt ein allgemeines Gesetz auch der transspezifischen Evolution (als den dynamischen Aspekt), denn unsere Theorie erklärt die Phänomene ihres geordneten Ablaufes.«

Insgesamt also bedeutet eine Theorie der Systembedingungen der Evolution die Fortführung der Ideen Darwins, jedoch auch deren notwendig gewordene Ergänzung. Die Selektion als treibende Kraft allen Evolutionsgeschehens wird weiterhin anerkannt, doch wird sie auf breiterer Grundlage – als äußere *und* innere Selektion – verstanden. Es erscheint mir daher auch nicht gerechtfertigt, zu behaupten, daß hinter die Synthetische Theorie der Evolution methodisch und erkenntnistheoretisch nicht mehr zurückgegangen werden darf (Regelmann, 1982), weil doch gerade die Phänomene der transspezifischen Evolution ein über die Synthetische Theorie hinausgehendes Modell erfordern, wenngleich dieses Modell durchaus mit populationsbiologischen Erkenntnissen (worauf die Synthetische Theorie rekurriert) konform geht (Wagner, 1983). Die Systemtheorie der Evolution ist daher ein weiterer um das klassische Selektionskonzept gezogener Kreis, der aber Platz bietet für ein besseres Verständnis zweier philosophisch relevanter Probleme.

Das eine ist das altehrwürdige Problem »Zufall und Notwendigkeit in der Evolution«. Eine Theorie der Systembedingungen zeigt, daß Zufall und Notwendigkeit, Freiheit und Plan keine Alternativen sind, sondern daß *beide* in der Evolution wirken: Weder kann Evolution eine bloße Folge zufälliger genetischer Entscheidungen sein, noch besteht irgendein Grund zu der Annahme, daß ein »Weltgeist« ewige Gesetze in die Evolution hineingelegt hat, wonach sie in allen ihren Bahnen prädeterminiert wäre. »Derselbe Systemcharakter und sein Werden«, bemerkt Riedl (1976), »sind es ja auch, die nicht nur den Menschen, sondern aller belebten Natur den Charakter der Selbstbestimmung, einer vernetzten Sinngebung verleihen, der zu jener prästabilisierten Harmonie führt, von deren übergeordnetem ›Sinn‹ wir Menschen wieder nur einer sind. Denn kein letzter Sinn erscheint vorgesehen. Sinn entsteht nur mit seinen Systemen.«

Mit dem zweiten Problem, das hier mit seiner möglichen Lösung als Konsequenz einer Systemtheorie der Evolution zumindest angedeutet sei, betreten wir die Gefilde der *Erkenntnislehre*. Die konsequente Fortführung des Evolutionsgedankens schließt eine Erklärung menschlicher Vernunft aus ihren *stammesgeschichtlichen Prämissen* ein. Aber um das Auftreten des menschlichen Bewußtseins in der Evolution zu begründen, bedarf es eines erweiterten Evolutionsmodells, eben wiederum eines Systemmodells der Evolution. Nur wenn die Evolution als komplexer Prozeß von Systembedingungen aufgefaßt wird, kann eine Analyse der biologischen Voraussetzungen des Erkennens und Denkens (Riedl, 1980 a) von Erfolg gekrönt sein, eine Analyse, die auf Erkenntnisfragen der Biologie zurück angewendet werden kann (Riedl, 1980 b).

Damit will schließlich gesagt sein, daß eine Systemtheorie der Evolution nicht allein innerhalb der Biologie, in bezug auf fachinterne Kontroversen eine Innovation mit sich bringt, sondern in der weiteren Konsequenz neues Licht wirft auf Probleme der traditionellen Philosophie. Sicher wirft eine Theorie der Systembedingungen der Evolution noch Fragen auf, die zum gegenwärtigen Zeitpunkt keineswegs befriedigend beantwortet sind. Jedoch liegt mit dieser Theorie ein »Rahmenkonzept« vor, das weiter zu denken und sowohl durch empirische Untersuchungen als auch durch theoretische Reflexionen fortzuführen eine lohnende Aufgabe sein dürfte.

Anmerkungen

[1] Diese Hypothese entspricht bestimmten schon in der Antike angesetzten Vorstellungen. Es handelt sich dabei um eine »Vererbungstheorie«, wonach der Keim (das Ei) aus »Keimchen«, aus kleineren Teilchen zusammengesetzt sein soll, die von einzelnen Organen des Körpers abgegeben werden und sich im Keim sammeln.

[2] Diese Annahme wurde jedoch bereits im Zuge der sog. Weismann-Doktrin als widerlegt erachtet. Die Weismann-Doktrin (benannt nach ihrem Urheber) beruht auf der Feststellung, daß das Körperplasma (Soma) aus dem Keimplasma hervorgeht und daß jenes auf dieses nicht zurückwirken könne. Das zentrale Dogma ist gewissermaßen die Übersetzung der Weismann-Doktrin in die Sprache der modernen Molekularbiologie bzw. Molekulargenetik.

[3] Unter dem epigenetischen System wird die Gesamtheit der regulativen Wechselwirkungen im Genom (in den Erbanlagen) einer Art, Gattung usw. verstanden (s. Riedl, 1975). Es handelt sich hierbei also um ein dynamisches Ordnungsprinzip. (Siehe Beitrag Müller im vorliegenden Band.)

Literatur

Bateson, W., 1902: The Facts of Heredity in the Light of Mendel's Discovery. Rep. Evol. Comm. Royal Soc. London **1:** 125–160.

Bergson, H., 1907: L'évolution créatrice. Paris: Alcan.

Bertalanffy, L. v., 1968: General System Theory. Foundations, Development, Applications. New York: Braziller.

Bertalanffy, L. v., 1970: Gesetz oder Zufall: Systemtheorie und Selektion. In: Koestler, A., & J. R. Smythies (Hrsg.): Das neue Menschenbild – Die Revolutionierung der Wissenschaften vom Leben. Wien, München, Zürich: Molden.

Darwin, Ch., 1859: On the Origin of Species by Means of Natural Selection. London: Murray.

Dobzhansky, T., 1951: Genetics and the Origin of Species. 3. Ed. New York, London: Columbia University Press.

Gould, S. J., 1982: Darwinism and the Expansion of Evolutionary Theory. Science **216:** 380–387.

Gutmann, W. F., & K. Bonik, 1981: Kritische Evolutionstheorie. Ein Beitrag zur Überwindung altdarwinistischer Dogmen. Hildesheim: Gerstenberg.

Hammen, L. van der, 1983: Unfoldment and Manifestation: The Natural Philosophy of Evolution. Acta Biotheor. **32,** 179–193.

HULL, D., 1974: Philosophy of Biological Science. Englewood Cliffs: Prentice Hall.

KASPAR, R., 1980: Naturgesetz, Kausalität und Induktion. Ein Beitrag zur theoretischen Biologie. Acta Biotheor. **29:** 129–149.

KASPAR, R., 1981: Das Werden lebendiger Ordnung. Von der Synthetischen Theorie zur Systemtheorie der Evolution. Praxis Naturwiss. (Biol.) **30:** 321–331.

LAMARCK, J. B. DE, 1809: Philosophie zoologique. Paris: Verdière.

MAYNARD SMITH, J., 1975: The Theory of Evolution. Harmondsworth: Penguin Books.

MAYR, E., 1967: Artbegriff und Evolution. Hamburg, Berlin: Paul Parey.

OESER, E., 1974: System, Klassifikation, Evolution. Historische Analyse und Rekonstruktion der wissenschaftstheoretischen Grundlagen der Biologie. Wien, Stuttgart: Braumüller.

OSCHE, G., 1972: Evolution. Grundlagen, Erkenntnisse, Entwicklungen der Abstammungslehre. 7. Aufl. Freiburg, Basel, Wien: Herder.

REGELMANN, J.-P., 1982: Historische und funktionale Biologie: Die Unzulänglichkeit einer Systemtheorie der Evolution. Acta Biotheor. **31A:** 205–235.

RENSCH, B., 1968: Biophilosophie auf erkenntnistheoretischer Grundlage. Stuttgart: Gustav Fischer.

RENSCH, B., 1972: Neuere Probleme der Abstammungslehre. Die transspezifische Evolution. 3. Aufl. Stuttgart: Enke.

RIEDL, R., 1975: Die Ordnung des Lebendigen. Systembedingungen der Evolution. Hamburg, Berlin: Paul Parey.

RIEDL, R., 1976: Die Strategie der Genesis. Naturgeschichte der realen Welt. München, Zürich: R. Piper & Co.

RIEDL, R., 1977: A Systems-Analytical Approach to Macro-Evolutionary Phenomena. Quart. Rev. Biol. **52:** 351–370.

RIEDL, R., 1980: Biologie der Erkenntnis. Die stammesgeschichtlichen Grundlagen der Vernunft (unter Mitarbeit von R. KASPAR). Berlin, Hamburg: Paul Parey.

RIEDL, R., 1980: Homologien; ihre Gründe und Erkenntnisgründe. Verh. Dtsch. Zool. Ges.: 164–176.

RIEDL, R., 1984: Evolution und evolutionäre Erkenntnis – Zur Übereinstimmung der Ordnung des Denkens und der Natur. In: LORENZ, K., & F. M. WUKETITS (Hrsg.): Die Evolution des Denkens. 2. Aufl. München, Zürich: R. Piper & Co.

SIMPSON, G. G., 1953: The Major Features of Evolution. New York, London: Columbia University Press.

WAGNER, G. P., 1981: Feedback Selection and the Evolution of Modifiers. Acta Biotheor. **30:** 79–102.

WAGNER, G. P., 1983: On the Necessity of a Systems Theory of Evolution and Its Population Biologic Foundation. Acta Biotheor. **32:** 223–226.

WUKETITS, F. M., 1980: Kausalitätsbegriff und Evolutionstheorie. Die Entwicklung des Kausalitätsbegriffes im Rahmen des Evolutionsgedankens. Berlin: Duncker & Humblot.

WUKETITS, F. M., 1981: Die Systemtheorie der Evolution – eine neue Sehweise der Entwicklung des Lebendigen. Mathemat.-naturwiss. Unterr. (MNU) **34:** 1–7.

WUKETITS, F. M., 1982: Grundriß der Evolutionstheorie. Darmstadt: Wissenschaftliche Buchgesellschaft.

WUKETITS, F. M., 1983: Biologische Erkenntnis: Grundlagen und Probleme. Stuttgart: Gustav Fischer.

WUKETITS, F. M., 1984: Die Synthetische Theorie der Evolution – Historische Voraussetzungen, Argumente, Kritik. Biol. Rdsch. **22:** 73–86.

Experimentelle Untersuchungen zur Theorie des epigenetischen Systems

GERD MÜLLER

Einleitung

In der »Ordnung des Lebendigen« hat RUPERT RIEDL (1975) die Grundlagen einer Systemtheorie der organismischen Evolution entwickelt. Einer der Kernpunkte der Theorie besagt, daß ein entscheidender Mechanismus der Makroevolution in der genetischen Verschaltung funktionell abhängiger Phänkombinationen bestehen könnte. In der Folge entsteht ein System genetischer Schaltungen, das als Abbild der phänotypischen Funktionsbeziehungen gesehen werden kann. Die Summe dieser vom Genom abgebildeten Wechselbeziehungen wird im Rahmen der Theorie als »Imitatorischer Epigenotyp« (RIEDL, 1975, p. 243) bezeichnet. Mit der genetischen Fixierung werden zugleich die Binnenbedingungen der Morphogenese als Systembedingungen der Makroevolution etabliert (vgl. WAGNER, im vorliegenden Band).

In den Diskussionen und Seminaren, die um die »Ordnung des Lebendigen« entstanden, und an denen die meisten Autoren dieses Bandes teilgenommen haben, war deutlich geworden, daß vor allem empirische Daten in bezug auf das epigenetische System die Weiterentwicklung einer Systemtheorie der Evolution unterstützen könnten.

Einen empirischen Zugang ermöglicht die Entwicklungsbiologie, innerhalb der die Morphogenese der Wirbeltierextremität in den letzten Jahrzehnten zu einem der attraktivsten Modelle für die Entwicklung eines komplexen Organs geworden ist (einen Überblick gewinnt man u. a. bei EDE, HINCHLIFFE & BALLS, 1977; HINCHLIFFE & JOHNSON, 1980; KELLY, GOETINCK & MACCABE, 1982). Die Wirbeltierextremität ist aus mehreren Gründen besonders zur Veranschaulichung von Entwicklungsprinzipien geeignet: man besitzt genaue Kenntnis der Normogenese des Organs, dessen frühe Stadien deutliche und gut beobachtbare Veränderungen zeigen; es handelt sich um ein relativ gut abgegrenztes Teilsystem des Embryos, das aber alle wichtigen Entwicklungsprobleme verdeutlicht; das streng hierarchische Muster in der Organisation der Skelettelemente macht Veränderungen gut interpretierbar; es bestehen große phylogenetische Plastizität und gute Vergleichsmöglichkeiten des Systems in den verschiedenen Vertebratenklassen und nicht zuletzt ein leichter experimenteller Zugang, vor allem bei Amphibien- und Vogelembryonen. Nahezu alle modernen Vorstellungen über die Faktoren der Morphogenese, wie Differenzierung, Positionsinformation und Musterbildung (z. B.: Theorie des Morphogenetischen Feldes, Gradiententheorie, Polaritätstheorie usw.), wurden entweder an diesem Modell entwickelt oder können daran überprüft werden.

Ein für unsere Fragestellung besonders wichtiger Ansatz findet sich in den Arbeiten von Hampé (z. B.: 1959), dem es gelang, experimentell einen Atavismus zu erzeugen – eigentlich ein Nebenbefund bei seinen Arbeiten über die Regulation der Skelettelemente des Zeugopodiums. Das phylogenetisch ältere Muster, das durch den Eingriff erzeugt wird (s. Abb. 9), besteht im wesentlichen darin, daß die bei den Vögeln stark reduzierte Fibula wieder die gleiche Länge wie die Tibia erreicht, und damit dem Zustand bei Archeopterix bzw. den Reptilien entspricht. Mit diesem Ergebnis stellt sich folgende Frage: Ist es trivial, daß die Fibula an Größe zunimmt, wenn man ihr mehr Material zur Verfügung stellt – oder wurden durch die Veränderung der Verhältnisse im chondrogenen Blastem alte, verdeckte genetische Organisationsmuster mobilisiert? Die Ausbildung eines deutlich geformten distalen Endes der Fibula in Hampés Experimenten sowie die manchmal beschriebene Selbständigkeit des Os fibulare sprechen für die zweite Möglichkeit.

Stärkere Unterstützung dieser Interpretation ließe sich gewinnen, entsprächen nicht nur die direkt vom Eingriff betroffenen Strukturen alten Mustern, sondern im weiteren auch andere, mit den veränderten Skelettelementen in Beziehung stehende Blasteme. Dies würde zeigen, daß durch die veränderten epigenetischen Bedingungen innerhalb der sich entwickelnden Extremität »archaische« Entwicklungsanleitungen aktiviert werden können, die immer noch im Genom enthalten und abrufbar sind.

Aus diesen Überlegungen entstand das Konzept für jene Experimente, die Gegenstand der vorliegenden Arbeit sind. Es soll zunächst überprüft werden, ob ein entwicklungsbiologisches Experiment mit Berechtigung als evolutionsbiologisches Experiment interpretiert werden kann. Die notwendigen Voraussetzungen dafür sowie die Tragweite der Interpretation und kritische Einwände werden kurz diskutiert. Im weiteren sollen einige Ergebnisse skizziert und schließlich in bezug auf ihre Aussage zur Theorie des epigenetischen Systems untersucht werden.

Zum Konzept ontophyletischer Experimente

Ontophyletische Experimente (Katz, 1983) versuchen, durch gezielte Eingriffe in die epigenetischen Bedingungen der Embryonalentwicklung, die Rolle der Ontogenesemechanismen in der Evolution der Organismen zu untersuchen. Um Konzepte für solche Versuche entwickeln zu können, ist es notwendig zu fragen: Unter welchen Voraussetzungen lassen Ergebnisse der experimentellen Embryologie eine phylogenetische Interpretation zu, und kann die experimentelle Embryologie in ihren bisherigen Ergebnissen Modelle für die Mechanismen makroevolutiver Veränderung anbieten?

Fast die gesamte Literatur über die Beziehung zwischen Onto- und Phylogenese beschränkt sich auf die Diskussion des Haeckelschen Gesetzes. Seit dieses als Ableseanleitung für phylogenetische Beziehungen mißverstanden und überschätzt wurde, hat der gegenläufige Pendelausschlag biologischer Mode vielerorts zur vollständigen Negation von Rekapitulationsphänomenen und damit zum Erliegen der Auseinandersetzung mit der Ontogenese-Phylogenese-Relation geführt. Die Beschreibung der organismischen Evolution leitet sich in der Folge nur aus Merkmalszuständen und populationsgenetischen Mechanismen ab. Ohne die Mechanismen der Ontogenese einzubeziehen, ist jedoch kein kausales Verständnis der Makroevolution möglich, denn was in der Evolution verändert wird, ist nicht die Struktur, sondern die Anleitung zu ihrem Bau in der Ontogenese. Es ist daher wenig sinnvoll, die Ontogenese-Phylogenese-Beziehung auf das Haekkelsche Gesetz einzuengen. Ontogenetische Mechanismen sind aber ohne Zweifel in der Phylogenese wirksam (Gould, 1977; Osche, 1982; Bonner, 1982) – daher müssen prinzipiell auch ontophyletische Experimente möglich sein, die Aufschluß über die Gesetzmäßigkeiten der Makroevolution bieten können.

Die Bedeutung experimenteller Untersuchungen für phylogenetische Fragestellungen wurde früh erkannt. Kühn (1965) schreibt in bezug auf xenoplastische Transplantationen: »Solche Kombinationen lassen stammesgeschichtliche entwicklungsphysiologische Beziehungen erkennen« und »Die Frage ist *phylogenetisch* ausgedrückt: Wie weit kann sich ein veränderter Teil eines Anlagensystems eines unveränderten Rests bedienen?«

Die bislang bekannten ontophyletischen Experimente lassen sich in zwei Gruppen fassen. Zur ersten Gruppe zählen Versuche, die an Hand ontogenetischer Regulationsmechanismen mögliche Verfahren evolutiver Veränderung untersuchen. Besonders für die Entwicklung des Nervensystems wurden in letzter Zeit gute Modelle erstellt (Katz & Lasek, 1978; Ebesson, 1980). Zur zweiten Gruppe sind diejenigen Experimente zu rechnen, die versuchen, durch Eingriffe in die Embryonalentwicklung verdeckte Genschaltungen zu aktivieren, um dadurch phylogenetisch ältere Muster zu erzeugen. Zu diesen »experimentellen Atavismen« zählen die Veränderung des Borstenmusters bei Drosophila (Sondhi,

1962) und die Erzeugung von Zähnen in Hühnerembryonen (KOLLAR & FISCHER, 1980). Dieser letzte Versuch wird bei RAFF & KAUFMANN (1983) als »crucial evolutionary experiment« bezeichnet. Weitere experimentelle Atavismen sind bei HALL (1984) nachzulesen. Auch die Ergebnisse von HAMPÉ (z. B.: 1959) und die in der vorliegenden Arbeit beschriebenen Eingriffe in die Extremitätenmorphogenese lassen sich zu dieser zweiten Gruppe zählen.
Obwohl die evolutive Bedeutung der Ontogenesemechanismen seit langem erfaßt ist, wurden gezielte experimentelle Konzepte dazu erst in letzter Zeit entwickelt (z. B. KATZ, 1982). Die wiederholte Forderung nach weiteren Experimenten dieser Art (HALL, 1984; KATZ & LASEK, 1978) unterstreicht ihre Bedeutung: »In principle many experimental approaches to macro-evolutionary change are now possible« (MADERSON et al., 1982).

Induzierte Atavismen an der Vogelextremität

Das Zeugopodium bietet sich als interessantes Modell für Evolutionsexperimente an, weil die unterschiedliche Regulation der zwei Skelettelemente phänotypisch zu den verschiedensten Mustern innerhalb der Vertebratenklassen geführt hat (Abb. 8). Das ursprüngliche Muster (Abb. 8 a) besteht aus zwei gleich starken und gleich langen Skeletteilen, die beide sowohl mit dem Stylopodium wie auch mit dem Autopodium artikulieren. Diese Form ist bei den Amphibien und den meisten Reptilien realisiert. Schon bei Reptilien mit etwas spezialisierteren Hinterextremitäten tritt die Fibula in ihrer Stärke gegenüber der Tibia zurück, bleibt aber immer noch sowohl proximal als auch distal an den Gelenken beteiligt. In beiden aus den Reptilien hervorgegangenen Vertebratenklassen, den Säugern und den Vögeln, wird diese Reduktionstendenz weitergeführt. Bei den höheren Säugern (Eutheria) erfolgt eine Loslösung der Fibula von der proximalen Gelenksbeteiligung (Ausnahme: Pinnipedia und Orycteropus), während die Teilnahme am distalen Gelenk meist erhalten bleibt (Abb. 8 b: 3, 4), manchmal aber auch dort verloren geht (Abb. 8 b: 2). Bei allen Vögeln ist die Fibula distal reduziert und nur am proximalen Gelenk beteiligt (Abb. 8 b: 1). Das Vorkommen einer Fibula, die das distale Gelenk erreicht, kann daher bei Vögeln als Spontanatavismus gewertet werden und ist als solcher in der Literatur mehrfach belegt (SCHUFELDT, 1885; BAUR, 1885).
Die Dominanz der Tibia gegenüber der Fibula findet auch in der entwicklungsphysiologischen Regulation der Verteilung des gemeinsamen chondrogenen Materials ihren Ausdruck. Die Ausbildung der Tibia hat unter allen Umständen Priorität. Wird in einer frühen Phase der Extremitätenentwicklung mesenchymales Zellmaterial entnommen, geht dies immer auf Kosten der Fibula, die so weit reduziert werden kann, bis nur mehr die Tibia ausgebildet wird. Wird jedoch

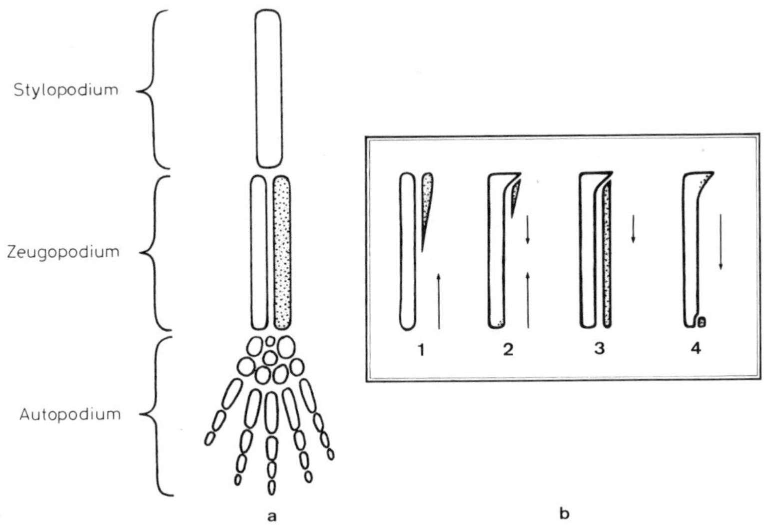

Abb. 8. *a* = Schematische Anordnung der Skelettelemente in der Tetrapodenextremität. Die Knochen tragen im Fall der Hinterextremität folgende Bezeichnungen: *Stylopodium:* Femur; *Zeugopodium:* Tibia und Fibula (punktiert); *Autopodium:* Tarsalia, Metatarsalia, Phalangen. Für das *Zeugopodium* ist die ursprüngliche Situation dargestellt, wie sie zum Beispiel bei den Reptilien vorliegt. Bei den Vögeln verschmelzen die proximalen Tarsalia mit der Tibia zum Tibiotarsus, die distalen mit den Metatarsalia II, III und IV zum Tarsometatarsus. *b* = Unterschiedliche Formen der Fibulareduktion; *1* = Vögel, *2* = Zebra, *3* = Mensch, *4* = Rind. *Pfeile* = die jeweilige Hauptreduktionsrichtung der freien Fibula mit dem sich daraus ergebenden Verlust der Gelenksbeteiligung.

mesenchymales Material zugegeben, gelangt, bei normaler Entwicklung der Tibia, die Fibula verstärkt zur Ausbildung (Hampé, 1959). Diese Vorgangsweise stellt eine der Möglichkeiten dar, den oben genannten Atavismus bei Vogelembryonen experimentell zu erzeugen. Die zweite, experimentell eleganter durchführbare Methode besteht darin, die Grenze der Territorien des chondrogenen Blastems, kurz bevor die Determination der Zellen für Tibia und Fibula erfolgt, zugunsten der Fibula zu verändern. Hampé (1959) konnte dies durch das Einführen eines Glimmerplättchens in die Extremitätenknospe von Hühnerembryonen erreichen (Abb. 9). Aus den Befunden über die entwicklungsphysiologische Instabilität der Fibula hat Hampé eine Theorie der »kompetitiven Interaktion« für die Regulation des skelettbildenden Mesenchymmaterials des Zeugopodiums entwickelt.

Hampé brach seine Experimente am zehnten Entwicklungstag ab, weil dies für die Untersuchung der Knorpelentwicklung ausreichend war. Um die Wirkung einer verlängerten Fibula auf die Entwicklung der angrenzenden Gewebe darzustellen und die in der Einleitung vorgetragene Hypothese zu überprüfen, war es notwendig, Hampés Experiment weiterzuentwickeln, um Extremitäten mit definitiven Knochen, Bändern und Muskeln zu erhalten. Die Eingriffe wurden im Stadium 22–24 der Embryonalentwicklung (HAMBURGER & HAMILTON, 1951) vorgenommen. Zur Trennung der Blasteme wurden sterilisierbare Gold- und Tantalplättchen verwendet, deren postoperative Lage am Röntgenbild beobacht-

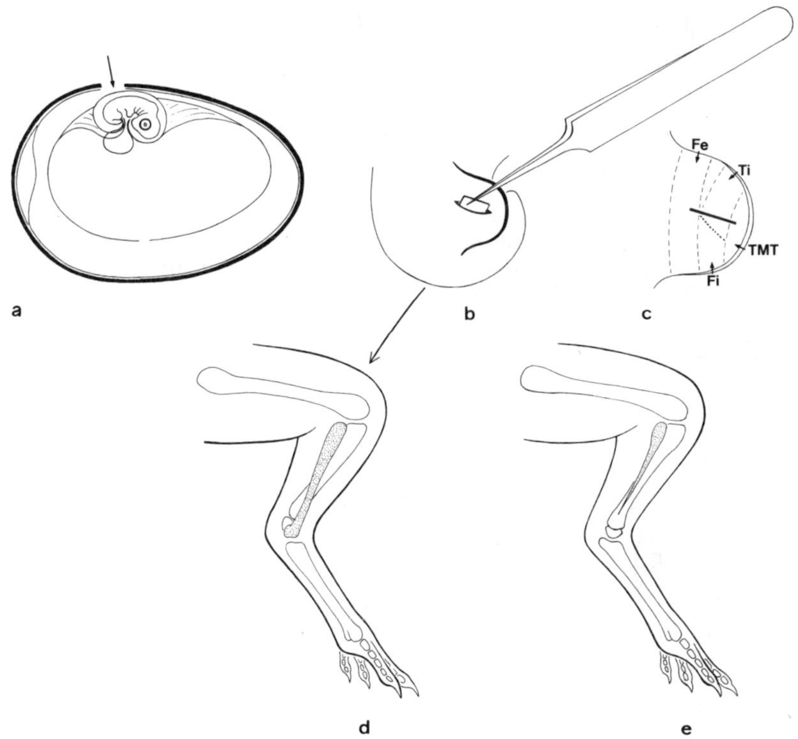

Abb. 9. Schematische Darstellung des experimentellen Eingriffs. *a* = Hühnerembryo am vierten Enwicklungstag. *b* = Einführen eines Gold- oder Tantalplättchens in die rechte Hinterextremität. *c* = Lage des Plättchens im chondrogenen Blastem der Extremität; *Fe* = Femur, *Ti* Tibula, *Fi* = Fibula, *TMT* = Tarsometatarsus. Die normale Grenze *(punktiert)* zwischen den prospektiven Regionen von Tibia und Fibula verläuft zugunsten der Tibia. *d* = Atavistische Fibula in der operierten Extremität. *c* = Normale Extremität im gleichen Entwicklungsstadium (*c* und *d* nach HAMPÉ, 1979).

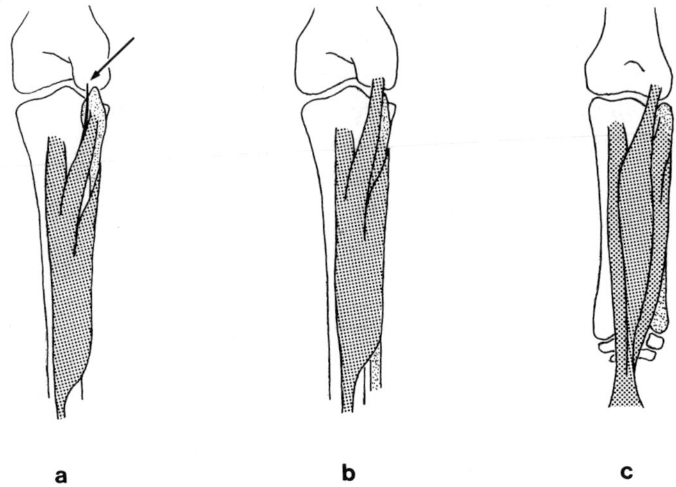

Abb. 10. Veränderungen im Muskelsystem. *a* = M. flexor perforans in der normalen Hinterextremität des Huhns; *Pfeil* = Rudimentärer Ursprung vom Condylus lateralis femoris. *b* = Starkes Caput femorale des M. flexor perforans in der operierten Extremität. *c* = M. flexor perforans (M. flexor longus digitorum) bei *Crocodylus porosus*.

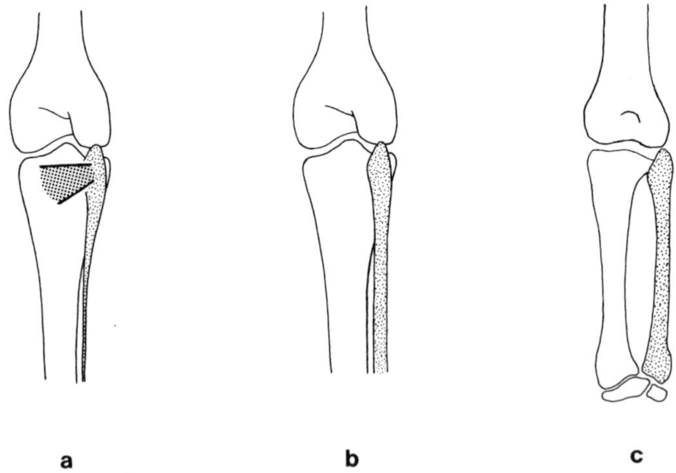

Abb. 11. Veränderungen im Muskelsystem. *a* = M. popliteus in der normalen Hinterextremität des Huhns. *b* = M. popliteus fehlt in der operierten Extremität. *c* = Bei Krokodilen ist kein M. popliteus ausgebildet.

bar ist. Durch Zusatz von Antibiotika und mit einem sterilen Verschluß der Eischale konnten Infektionen verhindert werden. Auf solche Weise behandelte Embryonen entwickelten sich nach der Operation normal – die fertig ausgebildeten Extremitäten wurden unter dem Mikroskop seziert. Das Prinzip der Operation ist in Abb. 9 dargestellt. Einige der erzielten Ergebnisse werden im nächsten Abschnitt beschrieben.

Veränderungen im Muskelsystem

Deutliche Reaktionen auf eine Fibulaverlängerung zeigt die Muskulatur des Zeugopodiums. An Hand von drei Beispielen wird die operierte Extremität erstens mit dem Zustand in der normalen Hinterextremität des Huhns und zweitens mit dem Zustand bei Reptilien verglichen. Obwohl eine Homologisierung von Einzelmuskeln über die Klassengrenzen hinaus manchmal schwierig ist und oft durch eine willkürliche, auf funktionellen Analogien beruhende, Namensgebung zusätzlich kompliziert wird, funktioniert das Prinzip bei den Sauropsiden meist sehr gut, wenn man Ursprung und Ansatz der Muskeln an homologen Punkten homologer Skelettelemente genau berücksichtigt (Vergleiche der Extremitätenmuskulatur von Vertebraten finden sich zum Beispiel bei Romer [1971] und Ribbing [1938]). Die von Veränderungen betroffenen Muskeln, die im weiteren beschrieben werden, stehen immer in Beziehung zur Fibula.

A) Eine interessante Veränderung findet sich in der verstärkten Ausbildung eines Rudiments. Der M. flexor perforans entspringt im Normalfall (Abb. 10 a) mit drei Köpfen: Caput mediale von der Rückfläche der Tibia, Caput intermedium vom Fibulakopf und Caput laterale vom distalen Teil der Fibula. Vom Caput intermedium zieht häufig ein dünner Faden in variabler Stärke zur Gelenkskapsel bzw. zum Condylus lateralis femoris, der ein Rudiment des femoralen Ursprungs dieses Muskels darstellt. Bei operierten Extremitäten (Abb. 10 b) ist in 45 % der Fälle eine sehr deutliche Verstärkung dieses Rudiments zu bemerken, das, im Gegensatz zur bindegewebig-sehnigen Beschaffenheit im Normalfall, nun muskulös ausgebildet wird. Dieser zusätzliche Kopf des M. flexor perforans kann von der Gelenkskapsel oder vom lateralen Femurcondyl entspringen. Die Ähnlichkeit dieses Zustandes mit dem bei *Crocodylus porosus* (Abb. 10 c) ist deutlich. Ein vergleichbarer femoraler Ursprung wurde in einem Fall als Atavismus bei der Taube beschrieben (George & Berger, 1966). Bei drei Species von Vögeln ist ein Caput femorale die Norm (Hudson, 1937; Berger, 1956).

B) Häufig ist bei operierten Extremitäten die in A) beschriebene Veränderung kombiniert mit dem Fehlen eines kleinen Muskels in der Kniekehle: M. popliteus, der von der Rückfläche der Tibia an das Caput fibulae zieht (Abb. 11 a). Der Muskel ist bei Krokodilen nicht vorhanden (Abb. 11 c), ist aber auch in der

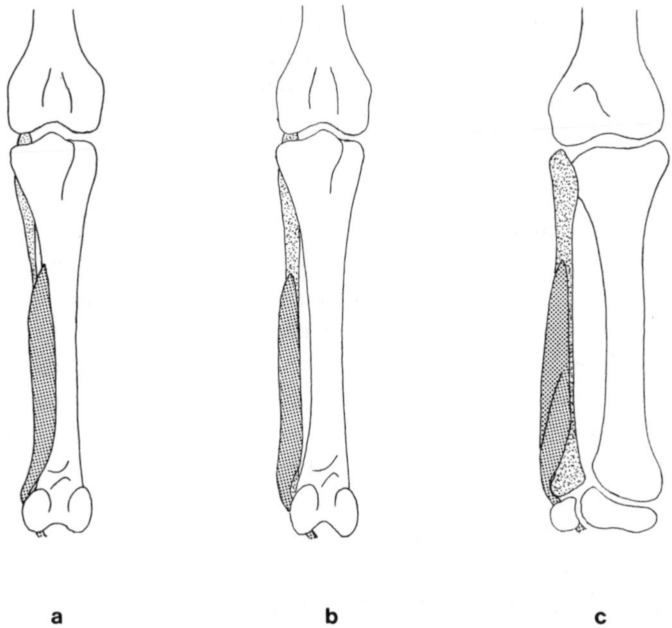

Abb. 12. Veränderungen im Muskelsystem. *a* = M. fibularis brevis entspringt in der normalen Hinterextremität des Huhns sowohl von der Fibula wie auch von der Tibia. *b* = In der operierten Extremität beschränkt sich der Ursprung des M. fibularis brevis auf die Fibula. *c* = Ursprung des M. fibularis brevis (M. peroneus anterior) bei *Crocodylus porosus.*

gesamten Klasse der Vögel äußerst variabel in seinem Vorkommen (George & Berger, 1966). Daß die Folgeveränderungen des experimentellen Eingriffs einige Merkmale betreffen, die eine starke interspezifische Variabilität zeigen, ist auffällig und wird später noch diskutiert. Sowohl Caput femorale als auch M. popliteus können auch als selbständige Veränderung auftreten. Der M. popliteus reagiert sehr sensibel auf die Fibulaverlängerung, denn er ist in einigen Fällen das einzige veränderte Merkmal im Muskelsystem. Neben dem Fehlen des Muskels kommen auch Ansatzverlagerungen vor.

C) Eine weitere Veränderung betrifft einen Muskel an der Streckseite des Zeugopodiums: Der M. fibularis brevis entspringt im Normalfall (Abb. 12 a) von den unteren ⅔ der hier schon sehr dünn auslaufenden Fibula und vom angrenzenden Teil des Tibiotarsus. Bei operierten Extremitäten, die eine genügend starke Fibula ausgebildet haben, entspringt der M. fibularis brevis immer ausschließlich von der Fibula (Abb. 12 b). Auch hierbei handelt es sich wahrscheinlich um die ursprüngliche Form des Ursprungs, wie im Vergleich mit *Crocodylus porosus* zu erkennen ist (Abb. 12 c).

Veränderungen im Bandapparat

In Anpassung an eine in ihrer Stärke reduzierte Fibula hat sich bei den Vögeln eine Struktur entwickelt, die den proximalen Rest der Fibula am Tibiotarsus befestigt. Diese als Syndesmosis tibiofibularis (Baumel, 1979) bezeichnete knorpelige Brücke (Abb. 13 a) liegt gegenüber der Ansatzstelle der Sehne des M. iliofibularis. Dieser Zusammenhang soll in bezug auf die Fibulareduktion in der Diskussion noch ausführlicher besprochen werden. Am Skelett der operierten Extremität fällt auf, daß die Syndesmosis tibiofibularis häufig rückgebildet ist und in etwa 50 % der Fälle vollkommen fehlt (Abb. 13 b). Noch eindrucksvoller als das Fehlen dieser Struktur ist jedoch die Neubildung eines Ligaments (Abb. 13 b), das von tibial-proximal nach fibular-distal zieht und das im Zeugopodium mancher Reptilien eine genaue Entsprechung findet (Abb. 13 c). Dieses Ligament liegt etwas proximal von der Stelle, an der normalerweise die Syndes-

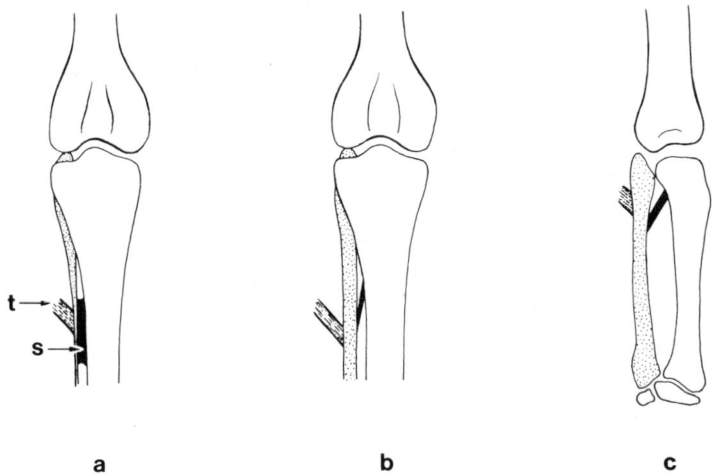

Abb. 13. Veränderungen im Bandapparat. *a* = Normale Hinterextremität des Huhns; *s* = Syndesmosis, *t* = Sehne des M. iliofibularis. *b* = Die Syndesmosis tibiofibularis fehlt in der operierten Extremität. Zusätzlich kann ein Band auftreten, das schräg von tibial-proximal nach fibular-distal verläuft. *c* = Bandverbindung zwischen Tibia und Fibula bei der Segelechse *(Hydrosaurus giganteus)*.

mosis ausgebildet wird, und ist in dieser im Normalfall weder enthalten noch angelegt.

Zusammenfassung

Im Anschluß an die experimentelle Verlängerung der Fibula lassen sich eine Reihe gut reproduzierbarer Folgeveränderungen beschreiben, von denen hier nur einige erwähnt werden konnten. Insgesamt besteht eine Tendenz zu Ursprungsverschiebungen in Richtung Femur, ein Rückzug von Muskeln auf ursprüngliche Territorien und eine deutliche Tendenz zu Veränderungen in Regionen starker interspezifischer Variabilität. Alle genannten Veränderungen stehen mit dem umgeformten Skelettelement in Zusammenhang, und umgekehrt wurden keine Veränderungen gefunden, die nicht mit der Fibula in Zusammenhang stehen. Dies schließt einen direkten Einfluß der Operation auf die Muskeldifferenzierung aus. Zudem liegt die Mehrzahl der gefundenen Veränderungen in Regionen, die nicht direkt von dem verstärkten Teil der Fibula beeinflußt werden.

Epigenetische Randbedingungen der Entwicklung

Die aus dem beschriebenen Eingriff resultierenden Folgeveränderungen sind geordnet und reproduzierbar. Das interspezifisch variable Verhalten der häufig betroffenen Mm. Flexor perforans und popliteus zeigt an, daß die Veränderungen nicht zufällig und nicht nur Pathologie sind, sondern auch ontophyletische Bedeutung haben. Diese neu entstandene Ordnung von Muskelursprüngen und Bändern paßt zu dem atavistischen Skelettmuster des Zeugopodiums, und kann daher ebenfalls als atavistisch bezeichnet werden. Das bedeutet, daß das Skelettsystem an der Regulation der regionalspezifischen Muskel- und Banddifferenzierung beteiligt ist. An Hand dieser Befunde kann der Einfluß epigenetischer Faktoren auf Morphogenese und Makroevolution diskutiert werden – auf Grund des gegebenen Umfangs wird jedoch auf die einzelnen Punkte nur kurz eingegangen.

A) Zur Natur der morphogenetischen Mechanismen lassen sich auf Grund des Experiments drei Feststellungen machen:

1. Phylogenetisch ältere Phänmuster sind noch mit dem Genom der rezenten Art realisierbar.
2. Abgeänderte epigenetische Bedingungen können einen geordneten Abruf dieser verdeckten »Information« auslösen.
3. Es läßt sich ein Eindruck gewinnen, wie interspezifische Variabilität entwicklungsphysiologisch realisiert werden kann.

Zusätzlich ist zu bemerken, daß die gut reproduzierbare Erzeugung einer verstärkten Fibula die ursprüngliche Theorie Hampés von einer Kompetition der beiden prospektiven Skelettareale um die mesenchymalen Zellen des chondrogenen Blastems unterstützt. Die dieser Theorie entgegenstehende Vorstellung von Wolpert, die jedem Skelettelement eigenständige Größen- und Wachstumsprogramme (»Intrinsic programs of growth«; WOLPERT, 1978) zuschreibt, wird dadurch zwar nicht widerlegt, aber die daraus resultierende Ablehnung von Hampés Theorie (WOLPERT, 1982; ARCHER et al., 1983) muß in Frage gestellt werden. Es kann angenommen werden, daß beide Mechanismen in der entwicklungsphysiologischen Regulation der Skelettelemente des Zeugopodiums eine Rolle spielen.

B) In bezug auf die Phylogenese der Vogelextremität erlaubt das Experiment Vermutungen in zwei Richtungen: vergangene und zukünftige Entwicklung. Die vorliegenden experimentellen und vergleichend anatomischen Befunde weisen auf eine geänderte biomechanische Anforderung im proximalen Bereich der Fibula hin. Das bei den Reptilien meist gut ausgebildete Caput femorale des M. flexor perforans wird in Zusammenhang mit der Fibulareduktion zugunsten des Ursprungs vom Fibulakopf zurückgebildet. Zusammen mit dem bei den meisten Vögeln gut ausgebildeten M. popliteus bedeutet dies eine verstärkte muskulöse Befestigung des Fibulakopfs. Das Übergreifen des M. fibularis brevis auf den Tibiotarsus geht Hand in Hand mit der Rückbildung der Fibula und der Annäherung ihres Restes an den Tibiotarsus. Die Ausbildung der Syndesmosis tibiofibularis muß als Folgeanpassung an die Schwächung der Fibula gesehen werden. Dieser Neuentwicklung bei den Vögeln kommen zwei Aufgaben zu: die Abstützung der rudimentären Fibula nach distal und vor allem die Kraftübertragung der Iliofibularis-Sehne auf den Tibiotarsus. Für die zweite Funktion spricht die Lokalisation der Syndesmose genau gegenüber der Ansatzstelle dieser Sehne (Abb. 13). Die Ausbildung der Syndesmosis tibiofibularis und die Fusion des Os fibulare mit dem Tibiotarsus können als Voraussetzung (Praeadaptation) für den Rückzug der Fibula vom Intertarsalgelenk bezeichnet werden. Die Reduktion der Fibula ist distal der Syndesmose viel deutlicher als proximal. Der Ansatz der Iliofibularis-Sehne, die Syndesmosis tibiofibularis und die Beteiligung des Fibulakopfes am Kniegelenk stellen wahrscheinlich die epigenetischen Randbedingungen dar, die eine weitere Reduktion der Fibula verhindern. Als phylogenetische Spekulation könnte man daher annehmen, daß die von HAMPÉ (1959) geäußerte Vision einer zukünftig vollständigen Rückbildung der Fibula bei den Vögeln nicht zutreffen wird.

C) Der Versuch beleuchtet nicht nur morphogenetische Vorgänge und Stufen phylogenetischer Veränderung, sondern ist zugleich ein Entwicklungsexperiment in bezug auf die Evolution des epigenetischen Systems. Die Ergebnisse zeigen, daß Merkmale, die eine Folgeanpassung an eine phylogenetische Änderung darstellen, auch epigenetisch von dem Zustand, von dem sie Folgeanpassung sind, induziert werden (MÜLLER & WAGNER, 1985). Insofern erhält man Einblick in die Mechanismen der Makroevolution, weil für ein definiertes System Bedingungen angebbar sind, die die möglichen phänotypischen Transformationen beeinflussen können.

Daß die experimentelle Verlängerung der Fibula (und ihre damit wiedererlangte distale Stabilisierung) zu einem Wegfall der in Anpassung an ihre Reduktion entwickelten proximalen Stabilisierung (Syndesmose, Caput femorale des Flexor perforans, M. popliteus) führt, kann als Beispiel für die genetische Verschaltung der epigenetischen Bedingungen im Sinne eines »Imitatorischen Epigenotyps« gelten (vgl. Einleitung). Anders formuliert bedeutet das Gesagte: Die Information für morphogenetische Vorgänge, die für die betroffenen Zellen epigenetisch ist, liegt indirekt im Genom repräsentiert, weil funktionell erfolgreiche Phänkombinationen in der Evolution genetisch gekoppelt werden. *Der Epigenotyp des Genoms und die epigenetischen Bedingungen der Entwicklung konstituieren das epigenetische System* – die zunehmende Vernetzung des epigenetischen Systems ergibt jene Randbedingungen, die in der weiteren Evolution der betroffenen Art wirksam bleiben und die Enwicklung kanalisieren (vgl. WAGNER, vorliegender Band). In diesem Zusammenhang läßt sich vermuten, daß die experimentelle Variation deshalb dort so deutlich auftritt, wo starke interspezfische Variabilität besteht, weil die phylogenetisch jüngsten Veränderungen noch am wenigsten durch epigenetische Vernetzung bebürdet sind – sie sprechen daher sensibel auf Veränderungen an.
Mit dem Gesagten soll betont werden, daß das epigenetische System einen bedeutenden inneren Faktor der Makroevolution darstellt. Wenn Ontogenesemechanismen eine Rolle in der Evolution spielen, dann müssen prinzipiell auch ontophyletische Experimente möglich sein. Diese können über die Struktur des epigenetischen Systems Auskunft geben, und damit erweist sich die experimentelle Embryologie als hervorragendes Instrument zur empirischen Untersuchung der Gesetzmäßigkeiten der Makroevolution, die keinesfalls allein auf populationsgenetische Elementarmechanismen zurückzuführen ist. Durch die Reintegration der Embryonalentwicklung in die Evolutionstheorie kann ein wesentlicher Beitrag zu einer Systemtheorie der Evolution geleistet werden.

Danksagungen

Ich danke SUSANNE QUESTER und JOHANNES STREICHER für ihre Mitarbeit und GÜNTER P. WAGNER für Diskussion und Kritik. Mein besonderer Dank gilt Professor WILHELM FIRBAS für die fortwährende Unterstützung des Projekts.

Literatur

ARCHER, C. W., A. HORNBRUCH & L. WOLPERT, 1983: Growth and morphogenesis of the fibula in the chick embryo. J. Embryol. exp. Morph. **75:** 101–116.

BAUMEL, J. Y. (Ed.), 1979: Nomina Anatomica Avium. London, New York: Academic Press.

BAUR, G., 1885: A complete fibula in an adult living carinate bird. Science **118:** 375.

BERGER, A. J., 1956: On the anatomy of the Red Bird of Paradise, with comparative remarks on the Corvidae. Auk. **73:** 427–446.

BONNER, J. T. (Ed.), 1982: Evolution and Development. Berlin, Heidelberg, New York: Julius Springer.

EBESSON, S. O. E., 1980: The Parcellation Theory and its Relation to Interspecific Variability in Brain Organization, Evolutionary and Ontogentic Development and Neuronal Plasticity. Cell Tissue Res. **213:** 179–212.

EDE, D. A., J. R. HINCHLIFFE & M. BALLS, 1977: Vertebrate Limb and Somite Morphogenesis. Cambridge: Cambridge Univ. Press.

GEORGE, J. G., & A. J. BERGER, 1966: Avian Myology. New York: Academic Press.

GOULD, S. J., 1977: Ontogeny and Phylogeny. Cambridge/Mass., London: Harvard Univ. Press.

HALL, B., 1984: Developmental mechanisms underlying the formation of atavisms. Biol. Rev. **59:** 89–124.

HAMBURGER, V., & H. L. HAMILTON, 1951: A series of normal stages in the development of the chick embryo. J. of Morphology **88:** 49–92.

HAMPÉ, A., 1959: Contribution a l'étude du développement et de la régulation des déficiences et des exédents dans la patte de l'embryon de poulet. Arch. Anat. Micro. Morphol. Experimentale **48:** Supplement.

HINCHLIFFE, J. R., & D. R. JOHNSON, 1980: The Development of the Vertebrate Limb. Oxford: Clarendon Press.

HUDSON, G. E., 1937: Studies on the muscles and pelvic appendage in birds. Am. Midland Naturalist **18:** 1–108.

KATZ, M. J., & R. J. LASEK, 1978: Evolution of the nervous system: Role of ontogenetic mechanisms in the evolution of matching populations. Proc. Natl. Acad. Sci., Vol. 75/3: 1349–1352.

KATZ, M. J., 1982: Ontogenetic Mechanisms: The Middle Ground of Evolution. In: BONNER, J. T. (ed.): Evolution and Development. Berlin, Heidelberg, New York: Julius Springer.

KATZ, M. J., 1983: Ontophyletics: Studying evolution beyond the genome. Perspectives in Biology and Medicine **26:** 2.

KELLY, R. O., P. F. GOETINCK & J. A. MACCABE (Eds.), 1982: Limb Development and Regeneration. Progress in Clinical and Biological Research. Vol. 110 A + B. New York: Alan R. Liss Inc.

KOLLAR, E. J., & C. FISCHER, 1980: Tooth induction in chick epithelium: expression of quiescent genes for enemal synthesis. Science **207:** 993–995.

KÜHN, A., 1965: Vorlesungen über Entwicklungsphysiologie. Berlin, Heidelberg, New York: Julius Springer.

MADERSON, P. et al., 1982: The Role of Development in Makroevolutionary Change. In: BONNER, J. T. (Ed.): Evolution and Development. Springer, Berlin–Heidelberg–New York: Julius Springer.

MÜLLER, G., & G. WAGNER, 1985: Comparative anatomy of experimentally induced atavisms in the chick hindlimb: An evolutionary epigenetic approach. In Vorbereitung.

OSCHE, G., 1982: Rekapitulationsentwicklung und ihre Bedeutung für die Phylogenetik. Verh. naturwiss. Ver. **25:** 5–31.

RAFF, R. A., & T. C. KAUFMANN, 1983: Embryos, Genes and Evolution. New York, London: Macmillan Publishing Co., Inc.

RIBBING, L., 1938: Die Muskeln und Nerven der Extremitäten. In: BOLK, L., E. GÖPPERT, E. KALLIUS & W. LUBOSCH (Hrsg.): Handbuch der vergleichenden Anatomie der Wirbeltiere 5–11. Berlin, Wien: Urban & Schwarzenberg.

RIEDL, R., 1975: Die Ordnung des Lebendigen. Systembedingungen der Evolution. Hamburg, Berlin: Paul Parey.

ROMER, A. S., & TH. S. PARSONS, 1983: Vergleichende Anatomie der Wirbeltiere. 5. Aufl. Hamburg, Berlin: Paul Parey.

SCHUFELDT, R. W., 1885: A complete fibula in an adult living carinate bird. Science **5:** 516.

SONDHI, K. C., 1962: The evolution of pattern. Evolution **16:** 186–191.

WOLPERT, L., 1978: Pattern formation in biological development. Sci. Am. **239:** 159–164.

WOLPERT, L., 1982: Pattern Formation and Change. In: BONNER, J. T. (Ed.): Evolution and Development. Berlin, Heidelberg, New York: Julius Springer.

Über die populationsgenetischen Grundlagen einer Systemtheorie der Evolution[1]

GÜNTER P. WAGNER

Einleitung

Die Veröffentlichung des evolutionsbiologischen Hauptwerks von RUPERT RIEDL, *Die Ordnung des Lebendigen* (1975), in dem Riedl die erste systemtheoretische Analyse der Makroevolution vorgelegt hatte, fiel an den Beginn einer Periode in der die Deutung der Makroevolution erneut Gegenstand einer engagierten evolutionstheoretischen Diskussion wurde. Den Anstoß zu dieser Diskussion hat eine Gruppe amerikanischer Paläontologen geliefert (ELDREDGE & GOULD, 1972; GOULD, 1980, STANLEY, 1975), die die Brauchbarkeit des populationsgenetischen Erklärungsmodells im Bereich der Makroevolution bezweifeln. Wenn man vor diesem Hintergrund die in der *Ordnung des Lebendigen* dargestellte Theorie betrachtet, so stellt man fest, daß die aktuelle Diskussion in keiner Hinsicht die Bedeutung dieser Theorie geschmälert hat. Im Gegenteil, erst in bezug auf die Auseinandersetzung um die Reichweite der neodarwinistischen Theorie wird deutlich, worin die spezifische Leistung eines systemtheoretischen Ansatzes in der Evolutionsbiologie besteht.
Systemtheorie der Evolution, diese Bezeichnung ist gut, wenn damit die Beschäftigung mit den organismischen Aspekten der Evolutionsbiologie gemeint ist. Sie birgt aber auch Gefahren in sich, weil sie im historischen Kontext der »philosophischen Systemtheorien« falsche Assoziationen auslöst. Vor allem die Tendenz, die Systemtheorie der Evolution (im folgenden mit STE abgekürzt) für unvereinbar mit dem Neo-Darwinismus zu halten (s. z. B. REGELMANN, 1982), ist ebenso schädlich wie falsch (WAGNER, 1983). Schädlich ist diese Tendenz, weil sie die wissenschaftliche Auseinandersetzung mit der STE verhindert. Falsch weil die STE der einzige entwickelte Theorieansatz ist, der die Eigenart der makroevolutiven Phänomene neodarwinistisch zu erklären versucht, ohne sich nur darauf zu beschränken die Kompatibilität der makroevolutiven Phänomene mit der Neodarwinistischen Theorie festzustellen, was trivial ist. Wenn trotzdem die Stellung der STE nicht leicht verständlich ist, so hat das vor allem zwei Gründe:

1. Die Verankerung der STE in der populationsgenetischen Theorie der Evolution ist nicht unmittelbar einsichtig. Dafür ist nicht nur die vorliegende Formulierung der STE verantwortlich, sondern auch, und vornehmlich, die formal mathematische Struktur der Evolutionstheorie selbst. Der formale Apparat der mathematischen Evolutionstheorie ist für andere Bedürfnisse geschaffen worden, als für die Beschreibung der phänotypischen Evolution oder der Evolution des epigenetischen Systems. Deutlich wird diese Schwierigkeit, wenn man sich vor Augen hält, daß die Gleichungen der klassischen Populationsgenetik als Variablen Genhäufigkeiten enthalten, wogegen die Beschreibung der Genom-Organisation und des Phänotyps nur implizit in die Struktur der Gleichungen eingeht. Mit dieser Theorie werden zwar die Elementarmechanismen der Evolution beschrieben, nicht aber der Prozeß der Evolution selbst, d.h. die Transformation von phänotypischen und genetischen Organisationsverhältnissen. Bessere Voraussetzungen für die Beschreibung der organismischen Evolution bietet z.B. die quantitative Genetik, die als Variablen phänotypische Zustandsgrößen enthält.
2. Die zweite Schwierigkeit ist nicht auf die STE beschränkt, sondern betrifft alle Theorien zur Makroevolution. Makroevolution ist nur in Teilaspekten der direkten experimentellen Untersuchung zugänglich, weshalb die Hauptquelle empirischen Wissens die vergleichende Methode bleiben wird. Der Vergleich von rezentem und fossilem Formenmaterial muß also auch über die Annahme und Ablehnung von Interpretationsalternativen entscheiden und nicht nur zur Rekonstruktion historischer Zusammenhänge dienen, wenn Hypothesen über die Makroevolution überhaupt empirisch sinnvoll sein sollen. Nur in wenigen Bereichen ist die vergleichende Methode so weit entwickelt worden, daß sie als scharfes Instrument zur Hypothesenprüfung verwendet werden kann (z.B. LANDE, 1976; RAUP, 1978; STEARNS, 1983). Die wissenschaftliche Fruchtbarkeit der STE, ebenso wie die aller anderen Interpretationen der Makroevolution, setzt die Weiterentwicklung geeigneter empirischer Methoden und Fragestellungen voraus (s. MÜLLER in diesem Band).

In dem vorliegenden Aufsatz wird versucht, die Position der STE im Grundriß zu formulieren, und zwar von einem strikt adaptionistischen Ansatz aus. Das führt zu einer Definition der systemtheoretischen Position, wie sie bisher nicht üblich war. Das darf nicht dazu verleiten, in der hier formulierten Haltung einen Widerspruch zu der Theorie der »Ordnung des Lebendigen« zu sehen, auch wenn einige Argumentationslinien neu sind und unabhängig von jenen in der *Ordnung des Lebendigen* geführt werden können.

Das Hauptproblem ist also, das Verhältnis von systemtheoretischen und populationsgenetischen Erklärungsansätzen in der Evolutionsbiologie zu bestimmen. Das Problem soll zunächst möglichst scharf formuliert werden. Ausgangspunkt ist die Skizzierung der aktuellen Diskussion um die Deutung der Makroevolution. Der Kern des Problems wird in Form eines Dilemmas formuliert werden. In den folgenden Abschnitten wird dann gezeigt werden, daß auf der Grundlage konservativ adaptionistischer Prinzipien Konsequenzen folgen, die über die üblichen neodarwinistischen Argumente hinausgehen, vorausgesetzt man nimmt den Organismus als integriertes System ernst. Abschließend sei noch betont, daß viele der Aussagen in diesen Argumentationsketten für sich genommen nicht neu sind, sondern bereits von vielen organismisch orientierten Biologen beschrieben wurden (z. B. OSCHE, 1966; HEBERER, 1959; RENSCH, 1954; SIMPSON, 1953; MAYR, 1983). Neu ist nur der Versuch, diesen Überlegungen eine gemeinsame Deutung zu geben.

Das Dilemma einer adaptionistischen Deutung der Makroevolution

Der Begriff »Makroevolution« ist vieldeutig und wegen der Vereinnahmung durch vitalistische Autoren belastet. Wenn hier trotzdem dieser Begriff verwendet wird, so in dem eingeschränkten Sinn, wie er z. B. von STANLEY (1982) definiert wurde: »... an evolutionary change in the biological properties of an existing higher taxon, or evolutionary change bringing about the origin of a new higher taxon« (STANLEY, 1982, s. WUKETITS, 1982). Synonym wird auch noch der Begriff »transspezifische Evolution« verwendet.
Zwei Themenkreise beherrschen die Diskussion um die Reichweite des populationsgenetischen Erklärungsmodells in der transspezifischen Evolution. Nach der Auffassung von Eldredge und Gould ist die Evolution höherer Organismen durch episodisch auftretende Ereignisse rascher Wandlung charakterisiert, die von langen Perioden evolutiver Stagnation getrennt sind (GOULD & ELDREGE, 1977). Diese Auffassung wird als Punktualismus dem Gradualismus gegenübergestellt (Vgl. Beitrag OESER im vorliegenden Band). Der zweite Problemkreis betrifft die Rolle des epigenetischen Systems als Evolutionsfaktor. Insbesondere steht in Frage, inwieweit die Mechanismen der Embryonalentwicklung den Ablauf der Evolution mitbestimmen (ALBERCH, 1980).
Generell kann gesagt werden, daß punktuelle Evolution als Phänomen auch von neodarwinistischer Seite nicht geleugnet wird (MAYNARD-SMITH, 1981; STEBBINS & AYALA, 1981), wohl aber die Universalität dieses Evolutionsmodus bestritten wird (z. B. SCHOPF, 1982). Ebenso wird betont, daß die evolutive Bedeutung der Ontogenesemechanismen immer schon Teil des adaptionistischen Weltbildes war (CHARLESWORTH et al., 1982; MAYR, 1983). Uneinigkeit herrscht hingegen über die Konsequenzen, die aus diesen Tatsachen gezogen werden sollen.
Unausgesprochen steht hinter dieser Auseinandersetzung das folgende Problem:

Einerseits erstrecken sich makroevolutive Prozesse über viele Artbildungsprozesse hinweg, andererseits aber bricht der Kausalnexus im populationsgenetischen Erklärungsmodell an den Artgrenzen scheinbar ab. Sobald Makroevolution als eigenständiges Forschungsgebiet anerkannt wird, ist auch der Neodarwinist gezwungen, eine relative Autonomie der Makroevolution von den Prinzipien der Mikroevolution anzunehmen (Stebbins & Ayala, 1981). Die radikalste Konsequenz wurde von Gould und Stanley gezogen, die eine vollkommene kausale Unabhängigkeit der Makroevolution von den populationsgenetischen Mechanismen postulierten (Stanley, 1979). Diese scheinbar zwingende Konsequenz soll im folgenden bestritten werden, und zwar in dem Sinn, daß Gesetzmäßigkeiten der transspezifischen Evolution sehr wohl die Konsequenz populationsgenetischer Gesetzmäßigkeiten sein können, auch wenn sie nicht einfach auf diese reduzierbar sind[2]. Das bezieht sich natürlich nur auf jene Aspekte der Makroevolution, die überhaupt durch natürliche Selektion beeinflußt werden können, wie alle Gesetzmäßigkeiten der morphologischen Evolution. Wichtigstes Problem ist dabei die Entstehung und die evolutive Stabilität jener Merkmalskombinationen, die für höhere Taxons charakteristisch sind (Typus). Unangetastet bleibt die Möglichkeit, daß Speziesselektion bei der Bestimmung der Arthäufigkeiten im Verlauf der transspezifischen Evolution eine Rolle spielen kann.
Um die verschiedenen Lösungsmöglichkeiten des Problems deutlich vor Augen zu haben, soll der Konflikt in Form eines Dilemmas dargestellt werden, d. h. in Form von zwei Behauptungen, die nicht von vornherein miteinander vereinbar erscheinen.

1. Es gibt keine weiteren Elementarmechanismen der Evolution als die von der Populationsgenetik angebotenen, das sind: Mutation, Rekombination, Duplikation, Selektion, Migration und random drift. Jedes phylogenetische Erklärungsmodell muß, nach neodarwinistischer Auffassung, mit diesen Elementarmechanismen auskommen.
2. Die Phänomene der Makroevolution sind eigengesetzlich, sie lassen sich nicht unmittelbar aus den Prinzipien der Mikroevolution herleiten (Stebbins & Ayala, 1981).

Es liegt nahe, dieses Dilemma durch den Versuch lösen zu wollen, eine der beiden Behauptungen zu widerlegen. So postulieren die »Punktualisten« die Speziesselektion sei ein neuer Evolutionsfaktor, der unabhängig von den populationsgenetischen Elementarmechanismen seine Wirkung entfaltet. Andererseits kann man auch versuchen, die Existenz makroevolutiver Regelmäßigkeiten zu leugnen.
Wenn man aber einmal annimmt, daß beide Sätze wahr sind, so kann man aus den beiden Sätzen des Dilemmas folgenden Schluß ziehen: Da keine weiteren Elementarmechanismen existieren als Mutation, Selektion usw., können makro-

evolutive Gesetzmäßigkeiten nur den Status von Systemgesetzen haben, also von Gesetzen, deren Gültigkeit vom Vorliegen gewisser Systemstrukturen abhängt. Ganz allgemein enthält die Erklärung von Systemgesetzen zwei Elemente: einerseits die Gesetze der Elementarmechanismen und andererseits die Randbedingungen unter denen die Elementarmechanismen wirksam werden. Makroevolutive Phänomene sind ihrer Natur nach singuläre historische Ereignisse, deren Randbedingungen ständig wechseln können. Eine Erklärung makroevolutiver Gesetzmäßigkeiten kann also nur dann akzeptabel sein, wenn wir »Grund zu der Annahme (haben), daß die betreffenden Randbedingungen andauern« (POPPER, 1979, über die Erklärung historischer Trends). Sicherlich werden nur manche dieser Randbedingungen in der Umwelt der Organismen zu finden sein. Die Umwelt spielt zwar immer, so weit wir wissen, eine wichtige Rolle als Anlaß für die Typogenese (SIMPSON, 1953), aber ein Typus ist durch eine relativ stabile Kombination von Merkmalen charakterisiert (OSCHE, 1966)[3], für deren Stabilität die Umwelt nicht alleine verantwortlich gemacht werden kann (RIEDL, 1975). Wenn man also nach den »andauernd wirksamen Randbedingungen« sucht, so wird man auf die Bedingungen verwiesen, die die Organisationsweise der Lebewesen mit sich bringen. Das ist der systematische Ansatzpunkt der Systemtheorie der Evolution. In der STE wird also untersucht, inwieweit Systembedingungen des Organismus die Dynamik der Evolution beeinflussen und ob sie vielleicht sogar zu Eigendynamik Anlaß geben.

Systembedingungen beeinflussen die Dynamik der Evolution

Systembedingungen im Sinne der STE sind die Randbedingungen, unter denen die Anpassungsvorgänge einzelner Organe oder Organsysteme ablaufen. Insbesondere sind für die Erklärung der transspezifischen Evolution jene Randbedingungen wichtig, die aus der Organisationsform der betreffenden Organismen selbst resultieren. Diese können mit hoher Wahrscheinlichkeit die Dynamik der Evolution über längere Zeit und wechselnde Umweltbedingungen hinweg beeinflussen (RIEDL, 1975). Die »inneren« Bedingungen stellen ihren Einfluß nicht an Artgrenzen ein, sondern bleiben über Artbildungsprozesse hinaus wirksam. Daher ist die Einbeziehung dieser Systembedingungen in populationsgenetische Modelle wahrscheinlich geeignet, ihren Erklärungsanspruch auch auf der Ebene der transspezifischen Evolution geltend zu machen.

Die Existenz von Systembedingungen, im englischen Schrifttum oft als »constraints« bezeichnet, hat auch außerhalb der STE Beachtung gefunden, wenn es darum ging, suboptimale Merkmalszustände oder »nicht adaptiv erklärbare« Eigenschaften der Organismen verständlich zu machen (z. B. SEILACHER, 1970;

Jacob, 1977; Gould & Lewontin, 1979; Alberch, 1980). Es ist also notwendig zu prüfen, inwieweit die STE mehr bieten könnte als schon durch die genannten Autoren angeboten wurde.
Die Diskussion der »constraints« organismischer Evolution hat sich bisher hauptsächlich auf drei Aspekte konzentriert:

1. Kompromisse (»trade offs«), die sich wegen funktionell widersprechender Forderungen der Umwelt herausgebildet haben. So hat z. B. die Kutikula bei vielen niederen Evertebraten sowohl als Schutz als auch dem Stoffaustausch zu dienen.
2. Funktionelle Zwänge: Als Illustration mag der Hinweis genügen, daß Kiemenatmung funktionell unvereinbar ist mit Homöothermie, weil der Wärmeverlust über die Oberflächen der Kiemen nicht kompensierbar ist. Deshalb wären Kiemen bei wasserlebenden Säugetieren sinnlos, selbst wenn sie entwicklungsphysiologisch realisierbar wären[4]. »Developmental constraints« können als ein Spezialfall funktioneller Zwänge betrachtet werden.
3. Konstruktionsmorphologische Zwänge, die sich aus den verwendeten Materialien und den »architektonischen Prinzipien« des Bauplans ergeben (Seilacher, 1970): So treten divaricate Schalenmuster immer wieder unabhängig bei Mollusken und Brachiopoden auf, offensichtlich als Folge des Prinzips, die Schale vom Mantelrand her zu sekretieren. Natürlich können solche Muster funktionell genutzt und adaptiv modifiziert werden, ihre Existenz selbst ist aber nicht adaptiv zu erklären (Seilacher, 1972).

Alle diese Systembedingungen müssen Teil eines organismischen Evolutionsmodells sein und damit auch ihren Platz in der STE finden; sie sind aber trotzdem nicht eigentlich typisch für die STE. Im Gegensatz (aber nicht im Widerspruch) zu den genannten Bedingungen sind die Systembedingungen der STE von allgemeiner, struktureller Art. Sie beziehen sich auf formale Bedingungen der Evolution, ähnlich wie die Kybernetik die formalen Bedingungen für die Stabilität von Regelkreisen beschreibt, ob es sich nun um einen Kühlschrank oder um den Einfluß des Kleinhirns auf die Bewegungskoordination handelt.
Worauf beziehen sich nun die formalen Zusammenhänge, auf die die STE aufbaut?
Der erste Komplex berührt ganz allgemein gesprochen den Zusammenhang zwischen Komplexitätsgrad und Evolutionsfähigkeit. Dieser Zusammenhang bildet den Kern der Überlegungen in der *Ordnung des Lebendigen* (Riedl, 1975). Daß ein gewisser Komplexitätsgrad Folgen für die Organisationsform der Lebewesen haben muß, damit Evolution mit Mutation und Selektion denkbar ist, ist intuitiv klar (z. B. Simon, 1962). Trotzdem hat erst Riedl die Bedeutung dieses Zusammenhangs für die Evolutionstheorie erkannt. Die populationsgenetischen

Grundlagen dieser Theorie sind erst in den letzten Jahren ausgearbeitet worden (BÜRGER, 1985; WAGNER, 1984a, b) und sind Gegenstand des nächsten Abschnitts.

Ein weiterer Aspekt ist der Zusammenhang zwischen Genzahl, Zahl der Freiheitsgrade im Phänotyp, Mutationsrate und den Grenzen der genetischen Bürde. Dieses Problem kann hier leider nicht behandelt werden. Nur so viel sei angedeutet: Wenn man die populationsgenetischen Modelle unter Berücksichtigung dieser Randbedingungen untersucht, so stößt man auf bemerkenswerte Nichtlinearitäten, die ohne diese Systembedingungen nicht auftreten.

Der dritte Aspekt soll hier kurz als »Reflexivität« der Evolution bezeichnet werden. Er bezieht sich auf den Umstand, daß die gleichen adaptiven Prinzipien, die für das Organismus-Umwelt-Verhältnis gelten, auch auf das Verhältnis zwischen den Organen eines Organismus anwendbar sind. Die Organe eines Organismus stellen wechselseitig füreinander Umwelt dar. Im übernächsten Abschnitt wird gezeigt werden, daß sich aus diesem Sachverhalt die Existenz eines eigendynamischen Elements in der organismischen Evolution vorhersagen läßt.

Selbstverständlich erhebt diese Aufstellung nicht den Anspruch, alle wichtigen Systembedingungen zu umfassen. Die hier angeführten Beispiele sind nur jene, die schon etwas genauer untersucht worden sind.

Evolution der Anpassungsfähigkeit

Eine der Voraussetzungen für die STE ist die Annahme, daß die Evolutionsfähigkeit der Organismen nicht trivialerweise aus dem Mutations-Selektionsprinzip folgt. Diese Annahme steht scheinbar im Gegensatz zu dem Glauben vieler Populationsgenetiker an die Omnipotenz der natürlichen Selektion. »... Darwinian selection is an almost inevitable process that requires only a supply of genetic variability to work in virtually any type of population structure« (CHARLESWORTH et al., 1982). Zwar wird eingeräumt, daß pleiotrope Genwirkungen und funktionelle Zwänge die Anpassungsfähigkeit einschränken können; zugleich wird aber betont, daß auch die genetischen Korrelationen zwischen den Merkmalen Gegenstand der natürlichen Selektion sein können, und damit ist die Omnipotenz der natürlichen Selektion wieder hergestellt.

Diese Darstellung suggeriert Problemlosigkeit: Die Wirksamkeit des Mutations-Selektionsprinzips unterliegt kaum Einschränkungen, weshalb auch die Evolution komplexer Organismen ohne weiteres erklärbar erscheint. Aber die oben zitierte Formulierung deutet auch schon an, wo es Schwierigkeiten geben kann: »... requires only a supply of genetic variability«. Das ist der Punkt, an dem die STE ansetzt. Das Ausmaß und die Verteilung der erblichen phänotypischen Variabilität ist der kritische Faktor, der die Evolutionsfähigkeit komplexer Organismen bestimmt.

Der erste Hinweis, daß an dieser Stelle das evolutionsbiologische Weltbild etwas modifiziert werden muß, stammt von dem Berliner Flugzeugtechniker Ingo Rechenberg. Rechenberg hat eine Methode zur Lösung technischer Optimierungsaufgaben entwickelt, die eine technische Nachbildung des Mutations-Selektionsprinzips ist und deshalb »Evolutionsstrategie« genannt wird (Rechenberg, 1973). Evolutionsbiologisch bedeutsam sind zwei Einsichten, die sich aus der mathematischen Analyse der Evolutionsstrategie ergeben haben:

1. Das Mutations-Selektionsverfahren, also ein Verfahren das auf zufälliger Variation der Systemparameter beruht, ist allen zielgerichteten mathematischen Methoden überlegen, insbesondere bei sehr komplexen Optimierungsaufgaben.
2. Die Effektivität des Mutations-Selektionsverfahrens hängt kritisch von der »Mutationsschrittweite« ab, das ist der mittlere phänotypische Effekt einer Mutation. Zu kleine Mutationsschrittweiten ebenso wie zu große führen zur Stagnation des Anpassungsvorgangs. Dieses Phänomen ist »Evolutionsfenster« genannt worden, weil Evolution nur in einem engen Rahmen von Bedingungen überhaupt möglich ist. Wie groß die optimale Mutationsschrittweite ist, hängt von einer Vielzahl unvorhersehbarer Faktoren ab.

Aus diesen Ergebnissen kann man unmittelbar die Vermutung ableiten, daß das Darwinsche Evolutionsprinzip nur dann die Evolution komplexer Organismen erklären kann, wenn die Evolutionsfähigkeit selbst einer evolutiven Optimierung unterliegt, so wie das in den Verfahren von Rechenberg geschieht. Zu demselben Schluß ist Riedl in der *Ordnung des Lebendigen* gelangt.
Sollte diese Schlußfolgerung richtig sein, so hätte sie tiefgreifende Konsequenzen für das Verständnis der organismischen Evolutionsabläufe. Organismische Evolution hätte man demnach immer auf zwei Ebenen zu betrachten: zum einen die Ebene der Merkmalsevolution, die zu Anpassung an die Umweltverhältnisse führt und zum anderen die Evolution der Anpassungsfähigkeit, die die Effektivität des Mutations-Selektionsprinzips aufrecht erhalten muß. Die Evolution der Anpassungsfähigkeit könnte sich z. B. in einer Veränderung der phänotypischen Expression genetischer Variabilität in dem einen oder anderen Teil des Organismus auswirken.
Die erste Ebene ist selbstverständlich jene, die schon immer Gegenstand des adaptionistischen Forschungsprogramms war. Die zweite Ebene ist zwar kausal mit der ersten verbunden (s. u.), aber ihre Produkte sind nicht Anpassungen im orthodoxen Sinn, sondern können für anscheinend »nicht adaptive« Unterschiede zwischen den Bauplänen der Organismen verantwortlich gemacht werden, sofern diese Unterschiede nicht nur auf random drift beruhen, was aber bei der Stabilität der Typusmerkmale unwahrscheinlich ist. Typusunterschiede kön-

nen, im Sinne der STE, zum Teil als Unterschiede in der Anpassungsstrategie interpretiert werden. So könnte man vermuten, daß die adaptiv unverständliche Fixierung der Halswirbelzahl bei den Säugetieren eine Voraussetzung für die ungestörte Evolution eines andern Merkmals war, z. B. könnte die dadurch erreichte fixe Zuordnung zwischen Spinalnerven und Extremitäten die Voraussetzung für die Optimierbarkeit der Bewegungskoordination geschaffen haben. Damit könnte der Widerspruch zwischen adaptionistischen und nicht adaptiven Modellen der Typogenese aufgehoben werden. Merkmale, die die Anpassungsfähigkeit beeinflussen, sind zwar keine Anpassungen an bestimmte Umweltverhältnisse, aber gewissermaßen Anpassungen an die Bedingungen der Evolutionsfähigkeit. So könnte z. B. die Fixierung der Halswirbelzahl die Folge von Anpassungvorgängen sein, wiewohl sie für sich genommen nicht unmittelbar adaptiv zu deuten ist.
Bevor aber diese Deutung der typogenetischen Evolution Anspruch auf Beachtung hat, müssen einige kritische populationsgenetische Voraussetzungen geprüft werden. In dem gegebenen Rahmen dieser Arbeit möchte ich nur auf zwei Punkte eingehen:

1. Sind die Schlußfolgerungen von Rechenberg (1973) über die Voraussetzungen der Evolutionsfähigkeit auf die populationsgenetische Theorie überhaupt übertragbar?
2. Über welchen populationsgenetischen Mechanismus soll die Evolution der Evolutionsfähigkeit realisiert sein?

Die Übertragbarkeit der Rechenbergschen Theorie auf die Evolutionsbiologie
Die Rechenbergsche Theorie ist genau genommen eine Theorie stochastischer Optimierungsalgorithmen, und baut nicht unmittelbar auf der populationsgenetischen Theorie der Evolution auf. Deshalb ist es legitim zu fragen, ob die Ergebnisse der Rechenbergschen Theorie in der Evolutionsbiologie überhaupt Gültigkeit besitzen. Diese Frage ist kürzlich in einer Reihe von Arbeiten untersucht worden (Bürger, 1985; Wagner, 1984 a, b). Ohne auf technische Einzelheiten einzugehen, möchte ich hier nur die wichtigsten Aussagen zusammenfassen.
Es gibt auch in der Populationsgenetik Bedingungen, unter denen ein »Evolutionsfenster« die Evolutionsfähigkeit der Art einschränken kann. Bemerkenswert ist, daß solche Situationen auch in unendlich großen Populationen auftreten können, d. h. nicht auf die beschränkte Menge an genetischer Variabilität in einer endlichen Population zurückgeführt werden müssen. Andererseits gibt es auch Situationen, wo die Evolutionsfähigkeit überhaupt nicht eingeschränkt ist. Die Existenz von Evolutionsfenstern ist also nicht ein universelles Prinzip, wie ursprünglich vermutet wurde. Diese Tatsache macht zwei Strategien in der

Evolution der Evolutionsfähigkeit denkbar. Einerseits kann man sich vorstellen, daß eine Population versucht, sich an den Rahmen des Evolutionsfensters anzupassen und die Menge und Verteilung der natürlichen Variation so einzustellen, daß Evolution möglich ist (opportunistische Strategie). Andererseits kann die Population eine Situation anstreben, in der die Evolutionsfähigkeit nicht durch ein Evolutionsfenster eingeschränkt ist (emanzipatorische Strategie).
Ein wesentlicher Faktor für die Realisation der emanzipatorischen Strategie ist die Zahl der Freiheitsgrade (= Zahl der Hauptkomponenten) der phänotypischen Variabilität. Je kleiner diese Zahl desto wahrscheinlicher entgeht man dem Problem der Evolutionsfenster.
Daß die effektive Zahl der Hauptkomponenten viel kleiner ist als die Zahl der Merkmale, ist seit langem bekannt (z. B. Rohlf & Sokal, 1972). Im Sinne der STE kann diese Tatsache als eine Anpassung gedeutet werden, um der Wirkung der Evolutionsfenster zu entgehen. Diese Strategie ist natürlich janusköpfig, denn die Evolutionsfähigkeit, die man durch die Integration der phänotypischen Variabilität erreicht, wird durch eine Kanalisierung der späteren Evolution erkauft. Die Evolution wäre demnach ein Prozeß, der sich selbst kanalisiert, um sich aktuell die Anpassungsfähigkeit zu erhalten. Der Bezug zum Typogeneseproblem ist evident. Die Stabilität der Typen käme im Sinne von Riedl infolge der Kanalisation zustande, die im Interesse der aktuellen Anpassungsfähigkeit in Kauf genommen werden muß. »Developmental constraints« hätten damit ihren primären adaptiven Sinn in der Ermöglichung von Anpassungsleistungen. Als »constraints« erweisen sie sich erst für die spätere Entwicklung.

Selektion auf Anpassungsgeschwindigkeit

Der zweite Punkt betrifft die Frage, inwiefern die natürliche Selektion zur Optimierung der Anpassungsfähigkeit beitragen kann. Genau gesagt: Können Gene alleine wegen ihrer Wirkung auf die Anpassungsgeschwindigkeit selektiert werden?
Nach der gängigen neodarwinistischen Doktrin werden Gene primär wegen ihrer Wirkung auf den Anpassungsgrad selektiert. Wie Selektion auf Anpassungsgeschwindigkeit funktionieren könnte, kann man sich am Beispiel von asexuellen Populationen leicht vergegenwärtigen. Nehmen wir an, es gibt zwei Allele eines Gens, M1 und M2 mit den Häufigkeiten p und 1-p. Diese Allele sollen sich ferner nur in bezug auf ihre Wirkung auf die Evolutionsgeschwindigkeit unterscheiden und nicht in bezug auf den Anpassungsgrad, der erreicht werden kann. Wegen der fehlenden Genrekombination bei asexueller Reproduktion kann man sich die Population gedanklich in zwei Teilpopulationen zerlegt vorstellen, wobei sich jede der Teilpopulationen aus den Trägern jeweils eines der Allele zusammensetzt. Diese Teilpopulationen unterscheiden sich nur in der Geschwindigkeit der Anpassung. Wenn es nun zu einem Anpassungsprozeß kommt, so wird eine der

Teilpopulationen (z. B. die mit M1) früher einen höheren Anpassungsgrad erreichen als die andere. Das führt vorübergehend zu der Situation, daß die »schnellere« Population eine höhere mittlere Fitness hat als die andere (m_I). Genau dieser vorübergehende Unterschied in der mittleren Fitness (m_I–m_{II}) ist der Selektionswert von M1, dem Gen, das eine Beschleunigung der Anpassung bewirkt. Selektion auf Anpassungsgeschwindigkeit ist also ein gewöhnlicher Selektionsvorgang mit zeitabhängigem Selektionswert (WAGNER, 1981). Die Selektionsgleichung lautet dann in diesem Fall

$$dp/dt = (m_I - m_{II})\, p\, (1-p).$$

Daß die Wirkung der Selektion auf Anpassungsgeschwindigkeit nicht auf asexuelle Populationen beschränkt ist, ist in einer Reihe von neueren Arbeiten über die Dominanzevolution gezeigt worden (BÜRGER, 1983 a, b, c; WAGNER & BÜRGER, 1985).

Damit sind also die wichtigsten Voraussetzungen erfüllt, damit die Evolution der Anpassungsfähigkeit realisiert sein kann. Ob diese Vorgänge tatsächlich bei der transspezifischen Evolution eine Rolle spielen, kann erst mit geeigneten Fallstudien über die Entstehung von Gattungen und Familien entschieden werden.

Eigendynamik und Reflexivität der Evolution

In diesem Kapitel wird die Frage etwas genauer untersucht, inwieweit der Systemaspekt der organismischen Evolution zu Eigenschaften führen kann, die nicht schon durch das Wissen um die Elementarmechanismen der Evolution abgedeckt werden. Bereits im vorangegangenen Kapitel ist mit der Evolution der Anpassungsfähigkeit ein Prozeß beschrieben worden, der unter Umständen zu einer Eigendynamik der Evolution beitragen kann. Die Selektion auf Anpassungsgeschwindigkeit verändert während des Anpassungsvorgangs die Voraussetzungen des Prozesses, in dem genetische Variation in bestimmter Richtung gefördert und in anderer eingeschränkt wird. In dieser Weise kann man sich vorstellen, daß die Evolution ein sich selbst kanalisierender Prozeß ist, so wie ein Fluß sich sein eigenes Bett gräbt.

Ein weiterer, vielleicht sogar allgemeinerer Mechanismus ist bei einer Studie über die Irreversibilität der Evolution sichtbar geworden (WAGNER, 1982).

Die Irreversibilität der Evolution wird meist mit Wahrscheinlichkeitsargumenten erklärt: Da die elementaren Veränderungen in der Evolution, die Mutationen, zufällig sind, ist es auch beliebig unwahrscheinlich, daß ein Zustand, der schon einmal realisiert war, wieder erreicht wird. Dieses Argument ist im Prinzip richtig, wenn es um die Evolution von Aminosäuresequenzen geht. Auf der phänotypischen Ebene gibt es sicher noch eine weitere Form der Irreversibilität, die strukturelle Ursachen hat.

Als Beispiel kann die Evolution des olfaktorischen Systems dienen: Das Geruchsorgan gehört zu den ältesten Fernsinnesorganen und ist bei fast allen niederen Wirbeltieren vorhanden. Schon vor dem Übergang zum Landleben, bei den Crossopterygiern, ist eine Verbindung zwischen der Nasenhöhle und dem Mundraum entstanden. Die Nase wird bei den Landwirbeltieren zum wichtigsten Atemweg, wobei die empfindliche Riechschleimhaut Gefahr läuft auszutrocknen. In der Folge wird daher die Riechschleimhaut tief in das Innere der Nasenhöhle zurückgezogen und von Drüsen mit Feuchtigkeit versorgt. Das Riechorgan ist also primär zur Chemorezeption im Wasser bestimmt gewesen und wird bei den Landwirbeltieren in eine tiefe geschützte Lage gebracht. Bei der Rückkehr einiger Säugergruppen zum permanenten Wasserleben (Wale) kann das Geruchsorgan nicht wieder seine ursprüngliche Funktion annehmen, weil die versteckte Lage und die Verwendung der Nase als Atemweg den Kontakt zwischen Riechschleimhaut und Wasserstrom verbietet. Die Folge ist eine vollständige Reduktion des olfaktorischen Systems, obwohl es primär im Wasser entstanden war. Diese Form der Irreversibilität hat offensichtlich nichts mit Wahrscheinlichkeit zu tun, sondern resultiert aus der Logik der Situation quasi zwangsläufig.

Man kann nun streng zeigen, daß eine solche Art von struktureller Irreversibilität eine notwendige Folge des Prinzips der Reflexivität der Evolution ist. Weil die Organe eines Organismus wechselseitig füreinander Umwelt darstellen, so daß jedes Organ einen Teil der Umwelt der anderen Organe mitbestimmt, muß jede Anpassung eines Organs an eine neue Forderung der extraorganismischen Umwelt zu Folgeanpassungen im Rest des Organismus führen. Mit diesen Folgeanpassungen wird aber genau der Kontext zerstört, der den ersten Anpassungsschritt in seiner spezifischen Weise möglich gemacht hat. Mit jeder Sequenz von Anpassungen an die extraorganismische Umwelt und die Folgeanpassungen (= Typogenese) werden die Brücken mit der Vergangenheit zerstört. Zwar zeigt die Anatomie der Organismen immer deutliche *Spuren* ihrer Geschichte, der *Weg* zurück ist jedoch nicht mehr gangbar. Ein formaler Beweis eines entsprechenden Theorems kann der Arbeit WAGNER (1982) entnommen werden.

Das Theorem über die strukturelle Irreversibilität der Evolution hat ein interessantes Korrolar, das sich direkt auf das Thema in diesem Kapitel bezieht (WAGNER, 1983). Infolge der Reflexivität der Anpassungsvorgänge ist die Dynamik der organismischen Evolution nicht steuerbar.

In der Systemtheorie bezeichnet man ein System als steuerbar, wenn man durch geeignete Wahl der Umweltbedingungen (= Input) das System in jeden möglichen Zustand bringen kann (PICHLER, 1975). Die Zustände von Vorläufern rezenter Lebewesen müssen als biologisch mögliche Zustände gelten. Da aber das Theorem über die strukturelle Irreversibilität der organismischen Evolution zeigt, daß keine wie immer geartete Sequenz von Umweltänderungen den Organismus wieder in einen Zustand bringen kann, in dem er einmal war, so ist die Dynamik der Evolution nicht durch die Umwelt steuerbar.

Dieses Ergebnis ist nur auf den ersten Blick paradox. Auch im Rahmen dieser Theorie ist die Triebkraft der Evolution die Umweltanpassung. Die Richtung, in der die Transformation dann erfolgt, kann aber nicht durch die Organismus-Umweltrelation kontrolliert werden, oder nur in sehr beschränktem Maß. Die Umweltveränderung ist die Ursache der Evolution, der Verlauf der Evolution ist dagegen eigendynamisch.

Damit sind wir an den Punkt gekommen, an dem sich der Gegensatz zwischen adaptionistischen und nicht-adaptionistischen Deutungen der Makroevolution auflöst. Wir haben gesehen, daß selbst dann, wenn man nur strikt adaptionistische Evolutionsfaktoren zur Erklärung der Evolution zuläßt, die Systembedingungen zu eigengesetzlichem Verhalten der Evolution führen können. Damit kann die Makroevolution sowohl kausal die Folge der Mikroevolution sein als auch eine gewisse Autonomie besitzen, weil die Systembedingungen der Evolution zu neuen Phänomenen in der Dynamik der Evolution führen können, die dann als Gesetzmäßgikeiten der Makroevolution sichtbar werden.

Von einer ausformulierten Theorie, die das leisten kann und noch dazu empirisch fruchtbar ist, sind wir zur Zeit noch weit entfernt. Neben der Erarbeitung eines empirischen Paradigmas zu diesem Problemkreis (s. MÜLLER in diesem Band) wird der nächste Schritt in diese Richtung ein mathematischer sein müssen. Es muß untersucht werden, welche Arten von Nichtlinearitäten auftreten und wie sie sich wahrscheinlich auf die Dynamik der Evolution von organismischen Systemen auswirken (BÜRGER & WAGNER, in Vorbereitung). Erst dann wird man die kritischen empirischen Fragen mit hinreichender Präzision formulieren und überprüfen können.

Anmerkungen

[1] Die in diesem Aufsatz dargestellten Arbeiten wurden mit der finanziellen Unterstützung der Stiftung Volkswagenwerk durchgeführt. Ich danke den Doktoren R. BÜRGER und G. MÜLLER sowie Frau M. HAUSER für wertvolle Hinweise zur Verbesserung einer früheren Fassung dieses Aufsatzes

[2] In jede wissenschaftliche Erklärung gehen sowohl Elementargesetze als auch Randbedingungen ein. Als nicht auf die Elementarmechanismen reduzierbar kann ein Phänomen gelten in dessen Erklärung die Randbedingungen wesentlich eingehen, d.h. die Randbedingungen entscheiden über qualitative Eigenschaften des Phänomens, so wie z.B. die Temperatur darüber entscheidet ob ein Ferromagnet spontan magnetisiert oder nicht. Vor allem stark nichtlineare Prozesse sind in diesem Sinn nicht reduzierbar. Es wird gezeigt, daß die organismische Evolution zu den irreduziblen Phänomenen gehört.

[3] Unter der Stabilität des Typus versteht man die Beobachtung, daß eine gewisse Gruppe von Merkmalen (z.B. die Segmentzahl bei Hirudineen, oder die Zahl der Halswirbel bei Säugetieren) überhaupt nicht oder nur langsam in der Evolution verändert wird, wogegen in der selben Tiergruppe Merkmale, die für die Auseinandersetzung mit der Umwelt verantwortlich sind (z.B. Zähne oder das Autopodium) sehr rasch evolvieren und zu sehr unterschiedlichen Anpassungslei-

stungen führen können. Inwieweit die Stabilität des Typus (= Stasigenese) und die Stasis einzelner Arten oder Gattungen (»lebende Fossilien«) die gleichen Ursachen hat, läßt sich zur Zeit nicht entscheiden.

[4] Ich danke Herrn Professor OSCHE für den Hinweis auf diesen Zusammenhang.

Literatur

ALBERCH, P., 1980: Ontogenesis and morphological diversification Amer. Zool. **20:** 653–667.

BÜRGER, R., 1983 a: On the evolution of dominance modifiers I. A nonlinear analysis. J. theor. Biol. **101:** 585–598.

BÜRGER, R., 1983 b: Nonlinear analysis of some models for the evolution of dominance. J. Math. Biol. **16:** 269–280.

BÜRGER, R., 1983 c: Dynamic of the classical genetic model for the evolution of dominance. Math. Biosci. **67:** 125–143.

BÜRGER, R., 1985: Constraints for the evolution of functionally coupled characters. Evolution, in press.

CHARLESWORTH, B., R. LANDE & M. SLATKIN, 1982: A neodarwinian commentary on macroevolution. Evolution **36:** 474–498.

ELDREDGE, N., & S. J. GOULD, 1972: Punctuated equilibria: An alternative to phyletic gradualism. In: SCHOPF, T. J. M.: Models in Paleobiology.

GOULD, S. J., 1980: Is a new and general theory of evolution emerging? Paleobiology **6:** 119–130.

GOULD, S. J., & N. ELDREDGE, 1977: Punctuated equilibria: Thempo and mode of evolution reconsidered. Paleobiology **3:** 115–151.

GOULD, S. J., & R. C. LEWONTIN, 1979: The spandrels of San Marco and the Panglossian paradigm: A critique of the adaptionist programme. Proc. R. Soc. Lond. B **205:** 581–598.

HEBERER, G., 1959: Theorie der additiven Typogenese. In: HEBERER, G. (Hrsg.): Die Evolution der Organismen. Stuttgart: Gustav Fischer.

JACOB, F., 1977: Evolution and tinkering. Science **196:** 1161–1166.

LANDE, R., 1976: Natural selection and random drift in phenotypic evolution. Evolution **30:** 314–334.

MAYNARD-SMITH, J., 1981: Macroevolution. Nature **289:** 13–14.

MAYR, E., 1983: How to carry out the adaptionist program? Amer. Nat. **121:** 324–334.

OSCHE, G., 1966: Grundzüge der allgemeinen Phylogenetik. Handbuch der Biologie Bd. III (2). Konstanz: Athenaion.

PICHLER, F., 1975: Mathematische Systemtheorie. Berlin, New York: W. de Gruyter.

POPPER, K. R., 1979: Das Elend des Historizismus. 5. Aufl. Tübingen: J. C. B. Mohr-Siebeck.

RAUP, D. M., 1978: Cohort analysis of generic survivorship. Paleobiology **4:** 1–15.

RECHENBERG, I., 1973: Evolutionsstrategie: Optimierung technischer Systeme nach Prinzipien der biologischen Evolution. Stuttgart: F. Frommann.

REGELMANN, J.-P., 1982: Historische und funktionale Biologie: Die Unzulänglichkeit einer Systemtheorie der Evolution. Acta Biotheor. **31:** 205–235.

RENSCH, B., 1954: Neuere Probleme der Abstammungslehre. Die transspezifische Evolution. Stuttgart: Ferdinand Enke.

RIEDL, R., 1975: Die Ordnung des Lebendigen. Systembdingungen der Evolution. Hamburg, Berlin: Paul Parey.

ROHLF, F. J., & R. R. SOKAL, 1972: Comparative morphometrics by factor analysis in two species of Diptera. Z. Morph. der Tiere **72:** 36–45.

SCHOPF, T. J. M., 1982: A critical assessment of punctuated equilibria I. Duration of taxa. Evolution **36:** 1144–1157.

SEILACHER, A., 1970: Arbeitskonzept zur Konstruktionsmorphologie. Lethaia **3:** 393–396.

SEILACHER, A., 1972: Divaricate patterns in pelecypod shells. Lethaia **5:** 325–343.

SIMON, H. A., 1962: The architecture of complexity. Proc. Amer. Phil. Soc. **106:** 467–482.

SIMPSON, G. G., 1953: The major features of evolution. New York: Columbia University Press.

STANLEY, S. M., 1975: A theory of evolution above the species level. PNAS **72:** 646–650.

STANLEY, S. M., 1979: Macroevolution: Patterns and process. San Francisco: Freeman & Co.

STANLEY, S. M., 1982: Macroevolution and the fossil record. Evolution **36:** 460–473.

STEARNS, S. C., 1983: The influence of size and phylogeny on the pattern of covariation among life-history traits in the mammals. OIKOS **41:** 173–187.

STEBBINS, G. L., & F. J. AYALA, 1981: Is a new evolutionary synthesis necessary? Science **213:** 967–971.

WAGNER, G. P., 1981: Feedback selection and the evolution of modifiers. Acta Biotheoretica **30:** 79–102.

WAGNER, G. P., 1982: The logical structure of irreversible systems transformations: A theorem concerning Dollo's law and chaotic movement. J. theor. Biol. **96:** 337–346.

WAGNER, G. P., 1983: On the necessity of a systems theory of evolution and its populationgenetic foundation: Comments on Dr. Regelmanns article. Acta Biotheoretica **32:** 223–226.

WAGNER, G. P., 1984 a: Coevolution of functionally constraint caracters: Prerequisites of adaptability. Biosystems: **17:** 51–55.

WAGNER, G. P., 1984 b: The influence of variation and constraints on the rate of multivariate phenotypic evolution. Theor. Pop. Biol.: submitted.

WAGNER, G. P., & R. BÜRGER, 1985: On the evolution of dominance modifiers II. A nonequilibrium approach to the evolution of genetic systems. J. theor. Biol.: in press.

WUKETITS, F. M., 1982: Grundriß der Evolutionstheorie. Darmstadt: Wissenschaftliche Buchgesellschaft.

Informationsverdichtung als universelles Ökonomieprinzip der Evolution

ERHARD OESER

»Die Natur ist gezwungen auf der einen Seite zu ökonomisieren, um auf der anderen mehr geben zu können.«

J. W. GOETHE, von CH. DARWIN zitiert (1859)

Gegen die Evolutionstheorie gibt es ein klassisches Argument, das immer wieder neu auftaucht: Um die Vielfalt der Organismen in ihrer komplizierten Struktur hervorzubringen, reicht die Zeit nicht aus. Schon die Begründer der Evolutionstheorie hatten die Zeiträume für das Evolutionsgeschehen immer mehr ausdehnen müssen. So hat bereits Lamarck betont, daß die Kürze des menschlichen Lebens den Einzelnen daran hindert, die Evolutionsvorgänge zu beobachten, was aber nichts am Faktum der Evolution ändert: »Lebten wir noch viel kürzer, etwa nur eine Sekunde, so würde uns der Stundenzeiger stillzustehen scheinen und selbst die kombinierten Beobachtungen von dreißig Generationen würden nichts Entscheidendes über die Bewegung dieses Zeigers herausbringen, und dennoch bewegte er sich.« LAMARCK, 1809 und LYELL haben die alten Vorstellungen über die geologischen Zeiträume revidiert, die von den Katastrophentheoretikern angenommen wurden. Denn diese nahmen »Jahrhunderte an, wo Jahrtausende angezeigt sind, und Jahrtausende, wo die Sprache der Natur auf Jahrmillionen hindeutet. So konnten sie, wenn sie logisch von solchen falschen Voraussetzungen weitergingen, zu keinen anderen Schlußfolgerungen gelangen, als daß mit der Weltordnung eine völlige Revolution vor sich gegangen sei« (LYELL, 1830). Die Diskussion um die zeitliche Unwahrscheinlichkeit des Evolutionsprozesses mußte sich jedoch durch die Erweiterung der Evolutionstheorie noch verschärfen. So sahen bereits Lyell und Wallace das geradezu explosive Gehirnwachstum in der Hominidenevolution und die damit verbundene Steigerung der intellektuellen Fähigkeiten als Wunder an, das nicht mehr in die Gesetzmäßigkeiten der biologischen Evolutionstheorie einzuordnen war. Noch schärfer wurde die Argumentation, als sich das gleiche Problem mit der Frage nach der Entstehung des Lebens ergab. Bereits 1939 kam Lecomte du Noüy zu dem Ergebnis, daß die Wahrscheinlichkeit eines solchen Ereignisses gleich Null sei.

Universelle Evolution

Die Evolutionstheorie hätte nicht diese Beachtung und heftige Diskussion gefunden, wenn sie auf den bloß biologischen Bereich beschränkt worden wäre. Ihre universelle Bedeutung stand jedoch von allem Anfang außer Zweifel. Denn sie ist eine innere logische Konsequenz. Das gilt nicht nur für die allgemeine Evolutionsphilosophie von Herbert Spencer, sondern auch für Darwin selbst, der die Hoffnung hatte, daß das Prinzip des Lebens eines Tages als Teil oder Folge eines allgemeinen Gesetzes erkannt werden wird. Tatsächlich ist auch heute der Geltungsbereich der biologischen Evolutionstheorie in beide Richtungen zu einem universalen Konzept erweitert worden:

Nach »unten« durch eine Theorie der präbiotischen Evolution und
nach »oben« durch eine Theorie der soziokulturellen Evolution, deren Ausgangspunkt die »evolutionäre Erkenntnistheorie« darstellt.

Denn zum Unterschied zum alten Evolutionismus vulgärmaterialistischer oder sozialdarwinistischer Prägung, der in haltlosen Analogien erstickt ist, geht es im gegenwärtigen Forschungsparadigma der universellen Evolution um grundlegende gemeinsame Gesetzmäßigkeiten.
Jeder, der sich mit dem Problem der zeitlichen Unwahrscheinlichkeit der Evolution auseinandersetzen will, muß daher von diesem universalen Konzept der Evolution ausgehen. Solche »Spekulationen« über allgemeine Prinzipien der universellen Evolution sind notwendig, um aus dem Stadium der bloßen Analogiebildung zwischen erster und zweiter Evolution zu kommen. Analogien sind immer ambivalent. Sie können einen heuristischen Wert haben, aber sie können auch absolut irreführen. In jedem Fall bedeuten sie nur den Anfang, nicht das Resultat der Erkenntnis. Sie müssen daher wieder aufgehoben werden. Entweder dadurch, daß man sich von diesen Analogien löst, indem man die Leiter wegwirft auf der man emporgeklettert ist, oder dadurch, daß man das gemeinsame Prinzip erkennt, das den realen Ursprung solcher Strukturähnlichkeiten bildet. Im konkreten Fall lautet das Problem, wie die Analogie zwischen »Leben« und »Erkennen«, die den heuristischen Zugang zu einem Stufenkonzept der universalen Evolution bildet, durch eine allgemeinere Terminologie und die Formulierung allgemeiner Gesetzmäßigkeiten ersetzt werden kann. Dadurch wird es möglich, in legitimer Weise Einsichten in dem einen Gebiet auf das andere Gebiet wechselseitig zu übertragen.

»Information« als Grundbegriff der universalen Evolutionstheorie

Seit der Entstehung der Molekulargenetik läßt sich Evolution im wesentlichen als Informationsprozeß deuten. »Information« ist auf dieser untersten Stufe eine »molekulare Eigenschaft« und wird bewertet durch die Fähigkeit, sich selbst zu reproduzieren. Die Entstehung neuer Information kann dann als zufällige Veränderung (Mutation) im genetischen System verstanden werden, die die Replikationsfähigkeit verbessert. Damit tritt aber ein weiterer Aspekt hervor, der es in einem noch direkteren Sinn erlaubt, von der Evolution als einem Informationsprozeß zu sprechen.

Die Molekulargenetik sieht die Vererbungssubstanz in ihrer molekularen Struktur, also die DNS, als informationales Phänomen an, weil sie den materiellen Träger der Konstruktionsanweisungen für den Organismus der nächsten Generation darstellt. Die genetische Information wird auf diese Weise von einer Generation zur anderen übertragen, und zwar mit Hilfe eines bestimmten verschlüsselten Codes, der den gesamten Aufbau des Organismus enthält und im Laufe der ontogenetischen Entwicklung dieses Organismus entschlüsselt wird. Da die sexuelle Fortpflanzung immer eine Vermischung der diskreten Vererbungseinheiten, der Gene, bedeutet, ist jedes Individuum eine Neukombination von Eigenschaften, die der Selektion unter dem Aspekt der Anpassung ausgesetzt wird. Anpassung bedeutet aber eine objektive Eigenschaft des Organismus, der durch den Zustand der Umwelt bedingt ist. Der angepaßte Organismus spiegelt daher in gewisser Weise die Umwelt wider. Er »repräsentiert« in seiner inneren Struktur zumindest bestimmte Ausschnitte der Realität, die für ihn relevant sind. Er bildet sozusagen Ordnungszustände einer spezifischen Umwelt oder seiner ökologischen Nische ab. Die abbildende Funktion dieser »strukturellen« Information ist für K. Lorenz, der sich in diesem Zusammenhang auf D. M. MacKay berufen kann, die Grundlage für die analoge Gleichsetzung von »Leben« und »Erkennen«.

Der so verstandene »objektive« Informationstgehalt von Organismen kann auch mit Hilfe der mathematischen Informationstheorie (SHANNON) berechnet oder zumindest abgeschätzt werden, indem man bestimmt, wie viele elementare Alternativentscheidungen nötig sind, um einen bestimmten Ordnungszustand zu erreichen. Geht man von der Voraussetzung aus, daß jede Sequenzalternative die gleiche Apriori-Wahrscheinlichkeit hat, weil kein Sequenzmuster ausgezeichnet ist, dann kommt man bereits im einfachen Fall der Bakterienzelle an Größenordnungen die jedes Vorstellungsvermögen überschreiten: nach KÜPPERS (1983) $10^{2,4\text{ Mill.}}$ alternative Genomsequenzen bei Bakterien, $10^{600\text{ Mill.}}$ beim menschlichen Genom. Das bisherige Alter der Welt hätte bei weitem nicht ausgereicht um die Sequenz solcher Baupläne zu erzielen.

Diese Deutung der Evolution als Informationsprozeß, wie sie die Molekulargenetik präzisiert hat, führt daher in verschärfter Form auf zwei Schlüsse zurück, die man schon intuitiv vor jeder genauen Berechnung gezogen hat:

1. daß je unwahrscheinlicher ein geordneter Zustand ist, desto unwahrscheinlicher seine Entstehung sein müßte;
2. daß auch die erwartete Zeit, die ein Organismus braucht, um einen bestimmten Zustand zu erreichen, um so länger ist, je unwahrscheinlicher dieser Zustand ist.

Es muß daher eine Optimierung des Informationsprozesses der Evolution angenommen werden, bei der sich nicht nur die Qualität der Information, sondern auch ihre Quantifizierungsgrundlage ändert. Daß der statistische Shannonsche Informationsbegriff nicht unverändert in die biologische Evolutionstheorie übernommen werden kann, wurde schon mehrfach festgestellt (s. E. v. WEIZSÄCKER, 1974). Dies gilt um so mehr, wenn man den Begriff der Evolution auf den soziokulturellen Bereich des Menschen erweitert. In jedem Wissensgebiet ändert sich die Bedeutung des allgemeinen Informationsbegriffes, dessen transdisziplinärer Charakter auf seiner Systemrelativität beruht. Im Sinne des Prinzips von der »niveauadäquaten Terminologie «(HOLST, 1960) ist daher zuerst die herrschende Begriffsverwirrung, die die negative Kehrseite der Universalität des Informationsbegriffes darstellt, durch definitorische Präzisierung zu beseitigen. Information ganz allgemein gibt es nirgendwo im Weltall. Sie ist immer bezogen auf ein bestimmtes System, durch das sie konkretisiert wird, wie Tabelle 2 zeigt.
Wie diese sowohl begrifflich als auch real getrennten Systemniveaus evolutionär verbunden werden können, hängt von der Entdeckung universaler Prinzipien ab, die alle Bereiche umfassen.

Tab. 2. Information als systemrelativer Begriff

System	*Information*
Soziales System	Kommunikation
Mentales System (Bewußtsein)	Repräsentation Erkennen = mentale Inf.
Neurales System (Nervensystem, Gehirn)	Erregung der Nervenzellen = neurale Information
Genetisches System (Vererbungssubstanz)	DNA-Sequenz = genetische Information
Thermodynamisches System (Gase, Flüssigkeiten)	Negentropie (Molekularer Ordnungszustand, Gestalt)

Ein »nichtssagendes« Prinzip und zwei »hoffnungslose« Fragen

Betrachtet man die bisherige Entwicklung der Evolutionstheorie, dann sind bereits die Anfänge eines derartigen Unternehmens nicht sehr ermutigend. Die erste Formulierung eines universalen Evolutionsgesetzes stammt von Herbert Spencer. Sie lautet in ihrer kürzesten und genauesten Fassung:
»Die gesamte erkennbare Realität ist ein Prozeß, der aus einer unbestimmten, unzusammenhängenden Gleichartigkeit in bestimmte, zusammenhängende Ungleichartigkeit übergeht.« (SPENCER, 1875). Einer der bekanntesten Evolutionsbiologen der Gegenwart, Ernst Mayr, hat jedoch diese Formel als »nichtssagend« (MAYR, 1979) bezeichnet. Auch Darwin, zu dessen Lebzeiten dieses Gesetz entstanden ist, hat offensichtlich nicht viel damit anfangen können, obwohl er sich sonst auf Spencer häufig beruft. Vor allem für Darwin selbst waren gerade jene Erweiterungen der biologischen Evolutionstheorie, die ein derartig allgemeines Gesetz konkretisieren und mit empirisch überprüfbarem Inhalt erfüllen konnten, eingestandenermaßen Probleme für eine ferne Zukunft, wenn sie überhaupt jemals durch den Menschen gelöst werden können: »In welcher Weise sich die Geisteskräfte in den niedrigsten Organismen entwickelt haben ist eine nicht weniger hoffnungslose Frage, als die, wie das Leben selbst zuerst entstanden ist« (DARWIN, 1871).
Trotzdem hatte sich Darwin selbst, der von Lyell und Wallace enttäuscht war, mit dieser Frage beschäftigt. Die Hominidenevolution war für ihn, der sich noch auf wenige fossile Dokumente berufen konnte, kein unerklärbares Wunder, sondern ein Stück Mikroevolution, die jedoch unter einem besonderen Selektionsdruck stand. In diesem Sinne rechnete er auch mit einem vergleichsweise niedrigen Zeitaufwand für Zeiträume der genetischen Veränderung im Vergleich zu den stabilen Phasen in denen keine Veränderungen stattgefunden haben: »Obwohl jede Art zahlreiche Übergangsstufen durchlaufen haben muß, ist es wahrscheinlich, daß die Zeiträume, während denen eine jede der Veränderung unterlag, zwar zahlreich und nach Jahren gemessen lang, aber mit den Perioden verglichen, in denen sie unverändert geblieben sind, kurz gewesen sind« (DARWIN, 1859). Und er dachte auch an eine Optimierung des Evolutionsprozesses, den er jedoch von vornherein nie als absolute, sondern nur als relative Vervollkommnung einer Art von Organismen gegenüber einer anderen ansah: »Die natürliche Selektion versucht nur, jedes organische Wesen ebenso vollkommen zu machen, oder sogar noch etwas vollkommener zu machen als die Bewohner desselben Gebietes, mit denen es in Wettbewerb tritt« (DARWIN, 1859).

Gradualisten und Punktualisten

Als Hauptkomponenten der darwinistischen Evolutionstheorie, die in der »evolutionären Synthese« von Genetik und naturhistorisch orientierter Systematik bzw. Phylogenetik aufrecht erhalten blieb, werden meistens die gemeinsame Abstammung aller Lebewesen, die natürliche Selektion und die graduelle Evolution angesehen. Darwins Evolutionstheorie ist daher ein ganzes Bündel von »Einzeltheorien«, die aber auch voneinander abgelöst werden können. Denn die Evolutionisten vor und nach Darwin unterschieden sich vor allem dadurch, welche von diesen Einzeltheorien sie entweder akzeptierten oder verwarfen. So hat Lamarck zwar als erster konsequent die Evolutionstheorie vertreten, aber die gemeinsame Abstammung verworfen. Baer, Kölliker, Hertwig und viele andere Biologen nach Darwin glaubten an die gemeinsame Abstammung, verwarfen aber alle anderen Teile der Darwinschen Evolutionstheorie. Und alle frühen Mendelianer verwarfen die graduelle Evolution (s. Mayr, 1982).

Während heute kaum noch an der gemeinsamen Abstammung und der natürlichen Selektion als Grundlage der Evolutionstheorie gezweifelt wird, ist die Diskussion um den Gradualismus wieder neu aufgeflammt und das Lager der Evolutionsbiologen scheint sich in »Gradualisten« und »Punktualisten« zu spalten. Ausgangspunkt dieser Diskussion war jene bereits als »historisch« bezeichnete Konferenz über »Makroevolution« im Naturhistorischen Museum in Chicago, an der viele der gegenwärtigen Hauptvertreter der synthetischen Theorie, wie Stebbins, Maynard Smith u. a. teilnahmen (s. R. Lewin, 1980). Makroevolution nennt man zum Unterschied von der Mikroevolution, die zur Veränderung der Arten oder innerhalb der Arten zu Varietäten führt, jene größeren Veränderungen, die zu den entsprechenden systematischen Unterschieden zwischen den »höheren« Kategorien, Gattungen, Familien und Ordnungen führen. Für Darwin, der Varietäten als beginnende Arten und Arten als beginnende Gattungen ansah, war die Makroevolution nichts anderes als die vergrößerte Mikroevolution (Zimmermann, 1953).

Die klassische Gegenposition dazu war seit jeher die Vorstellung eines Sprunges, die bereits Hilaire mit dem mehrfach wiederholten Satz, daß der erste Vogel aus einem Reptilei geschlüpft sei, ausgesprochen hat. Während Mikroevolution eine allmähliche Abwandlung darstellt, wurden für die sprunghaften Veränderungen ein anderer Mechanismus verantwortlich gemacht. Allerdings mit der Konsequenz, die Deszendenztheorie zu zerstören. Denn nimmt man zu große Sprünge in der Evolution an, dann droht der Stammbaum in mehrere Büsche auseinanderzureißen. Und von dort ist es nicht mehr weit zur alten Katastrophentheorie Cuviers, die zwar keine Art- aber eine Typenkonstanztheorie war.

Das Hauptargument der Saltationisten war dasselbe wie das von Cuvier: die fehlenden fossilen Bindeglieder. Salfeld (1921), Spath (1933), Beurlen (1937) und SCHINDEWOLF (1950) wiesen in diesem Zusammenhang auf die Lücken der paläontologischen Überlieferung hin. Um den Zusammenhang mit der Mutationstheorie und damit zur Mikroevolution wieder herzustellen sprach man von »Systemmutation« (GOLDSCHMIDT, 1935) oder »Großmutationen« (SCHINDEWOLF, 1950), die jedoch mit zahlreichen Erbänderungen verbunden sein mußten. Das Gegenargument gegen die Sprungtheoretiker war bisher dasselbe wie das Darwins gegen die Katastrophentheorie: die paläontologischen Lücken sind keine wirklichen Lücken, sondern nur unsere Kenntnislücken. ZIMMERMANN (1938) berechnete, »daß durchschnittlich von mehreren bis vielen Billionen (= 10^{12}) Lebewesen der Vergangenheit jeweils nur ein einziges der Wissenschaft zur Verfügung steht«.

Auf der Chicagoer Konferenz, auf der das klassische Argument Darwins von der Lückenhaftigkeit unserer paläontologischen Befunde wiederholt wurde, kam Gould jedoch wieder auf die Vorstellung der alten Saltationisten zurück, indem er die Abruptheit nicht als Ergebnis von Lücken ansah, sondern als Konsequenz der abrupten Weise der evolutionären Veränderungen. Lange Perioden, in denen eine Art unverändert bleibt, wechseln mit abrupten Ereignissen ab, an denen eine neue Art entsteht. Daß diese Vorstellung nicht unbedingt den ursprünglichen Auffassungen Darwins widerspricht, geht daraus hervor, daß Gould fast in derselben Weise wie Darwin in der bereits zitierten Stelle die Relativität des Tempos des evolutionären Wechsels betont: »Eine Artentstehung kommt innerhalb von 50 000 Jahren zustande. Im Vergleich mit den 5 oder 10 Millionen Jahren, in der eine Art unverändert existiert, bedeutet dieser Zeitraum nur einen Augenblick« (LEWIN, 1980). Wie in dem alten Streit von Saltationisten und Gradualisten geht es nicht um die totale Ablehnung des Gradualismus, der ja in der berühmten Pferdereihe ein empirisch belegbares Beispiel für einen linearen Stufenleiterprozeß hat, sondern vielmehr um die Frage, welche Art des evolutionären Modus die großen Veränderungen hervorruft. Betrachtet man diese Frage unter dem Gesichtspunkt des Zeitaufwandes der Evolution, dann bietet das Konzept des »punctuated equilibrium« die Möglichkeit, von einer stoßweisen Evolution zu sprechen, die in kurzer Zeit zu großen, ja katastrophalen Veränderungen führt, in der sich auch die »Richtung« der Evolution ändert, ohne daß der reale genetische Verwandtschaftszusammenhang dabei geleugnet werden muß, wie es die alte Katastrophentheorie Cuviers erforderte.

Fluktuationskatastrophen und Selbstorganisation

Während die alten Saltationisten mit ihren auf der klassischen Genetik beruhenden Vorstellungen von den »Großmutationen« mit der Darwinschen Deszendenztheorie in Konflikt geraten mußten, läßt es die moderne Molekulargenetik mit ihrer Basis in der Nichtgleichgewichtsthermodynamik zu, daß nur kleine genetische Fluktuationen zu sprunghaften Auswirkungen auf der makroskopischen Ebene des Organismus oder des Phänotypus führen. Solche Fluktuationskatastrophen bilden die Grundvorstellung einer neuen Katastrophentheorie, die von der alten Katastrophentheorie Cuviers grundsätzlich verschieden ist. Sie führen, wie Prigogine es mit einem Hinweis auf Voltaire deutlich genug ausgesprochen hat, zu einem völlig neuen Weltbild. Während noch Voltaire es für einen »schlechten Witz« hielt, »wenn in dieser Welt ein Teil im voraus geordnet wäre, der andere nicht, wenn ein Teil dessen, was geschieht, geschehen muß und ein anderer Teil dessen, was geschieht, nicht geschehen muß«, kann Prigogine sagen, daß wir uns tatsächlich in dieser witzigen Welt, die Voltaire beschreibt, befinden (PRIGOGINE & STENGERS, 1981). In diesem Zusammenhang erweist sich jedoch auch der Wert jener allgemeinen Spekulationen um ein universales Evolutionsgesetz. Denn gerade die von Prigogine und Glansdorff vertretene Theorie der dissipativen Strukturen fern vom thermodynamischen Gleichgewicht, versteht sich ausdrücklich als eine Rechtfertigung des universalen Evolutionsgesetzes von Spencer aus dem Jahre 1862: »Entwicklung ist Integration von Materie und begleitende Dissipation von Bewegung« (GLANSDORFF & PRIGOGINE, 1971). Das Grundproblem jedoch, das mit dieser Theorie der dissipativen Strukturen gelöst werden soll, ist die Vereinigung zweier entgegengesetzter Aspekte (nämlich die fortschreitende Desorganisation, die als physikalisches Entwicklungsgesetz durch den zweiten Hauptsatz der Thermodynamik, dem Entropiegesetz von Carnot und Clausius, nahegelegt wird, und das Anwachsen der Organisation durch Strukturentstehung) wie sie als Entwicklungsgesetz unabhängig voneinander in verschiedenen Gebieten der Wissenschaft, Physik (Thermodynamik) und Biologie, aufgetreten sind. Nachträglich aber muß man sich fragen, wie diese beiden einander widersprechenden Gesetze miteinander vereinbar sind, wenn nicht die Natur in zwei gänzlich voneinander verschiedene Teilbereiche auseinanderfallen sollte (s. C. F. v. WEIZSÄCKER in E. v. WEIZSÄCKER, 1974).

Die klassische Lösungsrichtung, die bereits 1944 von Schrödinger mit dem Begriff der »negativen Entropie« eingeschlagen worden ist, beruhte auf der Unterscheidung von zwei verschiedenen Mechanismen zur Erzeugung geordneter Vorgänge: dem statistischen Mechanismus, der »Ordnung aus Unordnung« erzeugt, der den Weg zu Wachstumsprozessen z. B. eines Kristalls wiedergibt, und einem zweiten »neuen Mechanismus«, der »Ordnung aus Ordnung« schafft, welcher der »Kunstgriff« ist mittels dessen ein Organismus sich entwickelt und sich stationär auf einer »ziemlich hohen Ordnungsstufe« hält, die einer »ziemlich tiefen Entropiestufe« entspricht (s. OESER, 1974).

Glansdorff und Prigogine dagegen haben auf Grund konkreter Beispiele für Strukturwachstum von Wolken- und Flüssigkeitsformationen aber auch Organismen eine Theorie vertreten, nach der es nur einen Typ von Entwicklungsgesetz-

mäßigkeiten gibt, aber verschiedene thermodynamische Situationen: in der Nähe des thermodynamischen Gleichgewichts gibt es die Tendenz zur Zerstörung von Strukturen, fern vom thermodynamischen Gleichgewicht kann es aber zur Schaffung von Strukturen kommen, wenn eine bestimmte Schwelle der Stabilität überschritten wird. Dann gelangt das System zu einem »Verzweigungspunkt«, an dem sein Verhalten ein einmaliges nicht gesetzlich determiniertes »geschichtliches« Ereignis darstellt. An den Verzweigungen ertastet sich das System neue Freiheitsgrade. Und es ist, wie Prigogine sagt »ein naheliegender spekulativer Gedanke, daß der grundlegende Mechanismus der Evolution auf Verzweigungen als einem Mechanismus der Erkundung beruht, an die sich eine Stabilisierungsphase anschließt, um die Reproduzierbarkeit zu gewährleisten« (PRIGOGINE & STENGERS, 1981). Wie aber setzen sich kleine Schwankungen in der Nähe der Verzweigungen durch? Auch dafür gibt es eine plausible Antwort: Es handelt sich in jedem Fall um Kooperationsphänomene, die sich gegenseitig unterstützen und zu Ganzheiten führen, die Rückwirkungen auf die Einzelteile haben, wobei jede dieser Ganzheiten zu anderen in Konkurrenz stehen kann. Diese Idee der Kooperation liefert auch im molekularbiologischen Bereich, wie Eigen mit dem Modell des »Hyperzyklus« gezeigt hat, eine Erklärungsgrundlage für die Entstehung des Lebens. Der »Hyperzyklus« ist insofern als ein Kooperationsphänomen zu betrachten, als er selbst »eine zyklische Verknüpfung von sich selbst reproduzierenden Einzelzyklen darstellt«. Damit wird die bestehende Konkurrenz durch Verknüpfung in eine Kooperation umgewandelt. Solche »Hyperzyklen« können dann selbst wieder mit anderen in Konkurrenz treten.
Der Physiker Haken, der sich, unabhängig von diesem Problem, mit der Theorie des Lasers beschäftigt hat, ist auch bei diesem Phänomen zu prinzipiell gleichen Lösungen gekommen. Auch hier hat der Konkurrenzkampf vieler verschiedener Lichtwellen aufgehört und einer »gemeinsamen gewaltigen Anstrengung Platz gemacht« (HAKEN, 1981). Eine derartige Übereinstimmung weist nach seiner Meinung auf die Existenz allgemein gültiger Prinzipien hin, die er unter dem Begriff der »Synergenetik« subsumiert. Die Verbindung zwischen diesen Gebieten der Physik und Biologie stellt der chemische »Katalysator« dar, der bekanntlich die Fähigkeit besitzt, chemische Reaktionen in Gang zu setzen oder sie zumindest zu erleichtern. Der Hyperzyklus ist in diesem Zusammenhang nichts anderes als ein autokatalytisches Gebilde.
Faßt man alle diese Überlegungen und ähnliche, wie z.B. die von Ernst v. Weizsäcker über den sogenannten »Ultrazyklus« zusammen, dann läßt sich eine Typologie selbstorganisierender Systeme aufstellen, die bis in den Bereich des Lebendigen und des menschlichen Bewußtseins reichen:

▷ Ein Zyklus von Umwandlungsreaktionen wirkt als Katalysator
▷ Ein Zyklus von katalytischen Reaktionen wirkt als Autokatalysator

▷ Ein Zyklus von Autokatalysatoren (wobei nicht alle Teilnehmer Autokatalysatoren sein müssen) wirkt in seiner Gesamtheit als »Hyperzyklus«.

Ein Hyperzyklus bildet eine Nische innerhalb eines Ökosystems und stimuliert (katalysiert) durch seine Veränderung eine Veränderung in anderen Nischen und bildet somit einen »Ultrazyklus«, der eine Koevolution von Teilsystemen bedeutet, welche die Evolution des Gesamtsystems ausmacht. Eine derartige Koevolution von Teilsystemen führt zu einer offenen Evolution des Gesamtsystems. Oder anders ausgedrückt verwandelt sich dieser auf Koevolution von Teilsystemen beruhende »Ultrazyklus« über lange Zeiträume hinweg zu einer schraubenförmigen, bzw., wenn man auch die Erweiterung seiner Wirkungsweise betrachtet, zu einer spiralenförmigen Struktur.

Die Spirale der Informationsverdichtung

Diese Struktur ist, wie RIEDL (1980, in Übereinstimmung mit OESER, 1976 u. 1979) gezeigt hat, für alle Schichten des schöpferischen, d. h. informationsgewinnenden »Lernens« aus Erfolg charakteristisch. Die Schichten des genetischen, instinktiven, ratiomorphen und schließlich rationalen Lernens, oder neutral ausgedrückt, Informationsgewinnes entsprechen etwa auch den Stufen der Evolution, wie sie mit der Zelle, Nervenzelle, dem Gehirn oder individuellen Bewußtsein und auf der gesellschaftlichen Ebene der kollektiven Vernunft erreicht worden sind. Das Erreichen einer neuen Ebene ist dabei immer mit einer Richtungsänderung der zyklischen Struktur verbunden, die nicht mehr in sich zurückläuft, sondern auf eine höhere Ebene ausschert. Die Höherentwicklung erfolgt also nicht auf Grund einer Zielsetzung oder eines Planes, sondern weil, wie Lorenz so treffend sagt, die unteren Etagen durch Organismen mit einem einfacheren Mechanismus besetzt sind. Für den komplizierten organisierten Problemlöser ist »unten« einfach kein Platz mehr. Auf diese Weise erklärt sich »von selbst« das Phänomen der »Orthogenese«, das zwar eine Richtung, aber kein von außen gegebenes Ziel kennt. Eine zweite Charakteristik für die stufenweise Typologie selbstorganisierender Systeme ist wichtig, die das bisher nur als *logische* und nicht zeitlich-räumliche Struktur zu verstehende Modell der Selbstorganisation ergänzt: Die Wirksamkeit des Mechanismus vergrößert sich räumlich und beschleunigt sich zeitlich.
Der reale Träger dieser Selbstorganisationsprozesse ist – wenn man vom präzellulären Mechanismus absieht – auf der untersten Ebene die Zelle, auf der höheren Ebene der Vielzeller das einzelne Organ oder der Gesamtorganismus des Lebewesens. Bereits hier zeigt sich eine ungeheure Vergrößerung der Wirksamkeit und Beschleunigung des Informationsgewinns. Das an die Zellsubstanzen gebundene

genetische Lernen dauert immer mehrere Generationen. Das individuelle Lernen mit Hilfe der Sinnesorgane und des Gehirns ist bereits innerhalb der Lebenszeit eines Individuums möglich und bildet die Grundlage für das Überleben sowohl des Individuums als auch der Art, wenn sich die Umweltverhältnisse drastisch ändern. Die »Totzeit« des genetischen Lernens überbrückt bereits das individuelle Lernen, das schließlich auch durch Tradition genealogisch weitergegeben werden kann. In gleicher Weise erhöht sich auch die Lebensdauer der jeweiligen Träger dieser Lernprozesse. Die einzelne Zelle stirbt schneller als der Gesamtorganismus, das Indiviuum schneller als die gesamte Gesellschaft eines Staates, ein Staat wiederum schneller als ein überstaatliches System einer Kultur. Oder die Kulturen schneller als das kulturinvariante System der Wissenschaft, das die kollektive Vernunft der Menschheit repräsentiert.
Wir gelangen also auf der letzten Stufe der Selbstorganisationsprozesse zu einem räumlich alles umfassenden, zeitlich am meisten beschleunigten Mechanismus, dessen realer Träger ein aus vielen Individuen zusammengesetztes und über viele Generationen reichendes Kollektiv bildet. Dieser Mechanismus weist die stärkste Form von Selbstorganisation auf, die zum Unterschied von schwächeren Formen, die von selbst oder durch Störung von außen wieder abflauen können, eine ständige Perfektionierung aufweist. Damit bestätigt sich auch jenes klassische Bild von der Wissenschaft als ein ewig lebendigen Wesens, das keinem Prozeß der Alterung unterworfen ist, sondern permanent durch Erweiterung seiner Kenntnisse wächst.
Dieses evolutionäre Wachstum der Wissenschaft ist aber ebensowenig wie alle anderen evolutionären Prozesse das Ergebnis eines Planes. Denn die Wissenschaft als kollektive Vernunft der Menschheit hat den Charakter einer Termitenintelligenz, in der zwar die einzelnen Individuen ihre Schritte planen, aber der Gesamtprozeß nicht voraussehbar ist.
Dies läßt sich dadurch veranschaulichen, daß man die Windungen, der sich höher schraubenden Spirale der Informationsverdichtung entsprechend der bereits dargestellten Differenzierung des allgemeinen Informationsbegriffs in mehrere emergente Kooperationsstufen zerlegt (s. Abb. 14):

▷ Auf der Stufe der genetischen Information ergibt sich durch Kooperation der diskreten Vererbungseinheiten, der Gene, das genetische System.
▷ Auf der Stufe der neuralen Information ergibt sich durch Kooperation, der seit Ramon y Cayal ebenfalls als diskret angesehenen Einheiten des Nervensystems, der Neuronen, das neurale System.
▷ Auf der Stufe der mentalen Information ergibt sich durch Kooperation der von Dawkins ebenso witzig wie treffend als »Meme« bezeichneten diskreten Einheiten des Bewußtseins das mentale System.
▷ Und schließlich ergibt sich auf der Stufe der sozialen Information oder

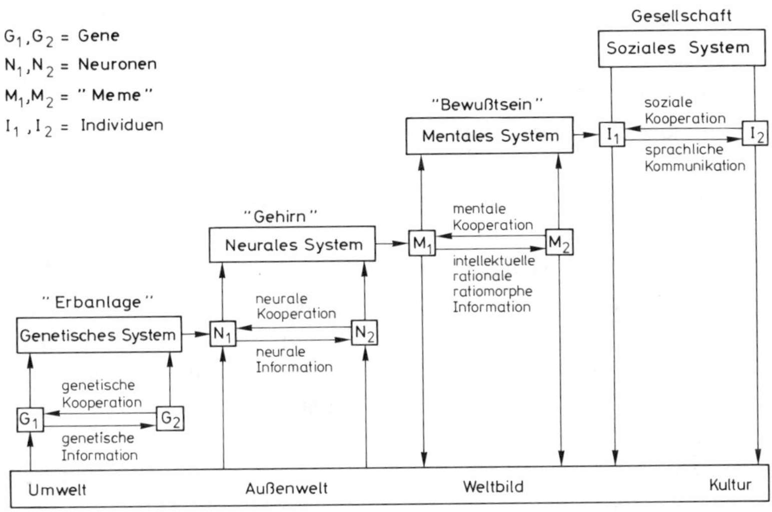

Abb. 14.

Kommunikation bewußter oder selbstbewußter Individuen die »Gesellschaft« als soziales System, das dadurch nicht nur als »Überorganismus«, sondern vielmehr als System von miteinander kooperierenden Individuen als System von Handlungen gekennzeichnet ist.

Auf jeder dieser Stufen wächst die Komplexität; d. h. entsprechend dem Spencerschen Gesetz steigt nicht nur die Anzahl der Elemente, sondern diese variieren auch in der Art ihrer Beziehungen. Auf diesen Bezugsrahmen hat bereits E. Wilson hingewiesen, wenn er sagt: »Von 250 000 Genen zu zehn Milliarden Neuronen zu einer unbekannten potentiellen Vielfalt sozialer Systeme« (WILSON, 1980). Das erklärt sowohl die prinzipielle Unvorhersehbarkeit des individuellen als auch des sozialen menschlichen Handelns. Andererseits aber wird auch deutlich, daß nur der evolutionäre Zusammenhang zwischen diesen prinzipiell und absolut verschiedenen Individuen überhaupt Kommunikation und Kooperation ermöglicht. Dadurch, daß alle Individuen durch ihre phylogenetische Entwicklung in einer Verwandtschaftsbeziehung stehen, gibt es so etwas wie vororganisierte Strukturen und Gesetzmäßigkeiten des menschlichen Verhaltens. Dies gilt sowohl für den kognitiven als auch affektiven oder moralischen Bereich. Was jedoch damit nicht gezeigt werden kann, ist, daß der kognitive Fortschritt durch Informationsverdichtung auch einen Fortschritt im sozialen oder moralischen Bereich bedeutet.
Im Rahmen dieses Stufenmodells der Kooperationsphänomene läßt sich dieses

Problem auf der Öko-Systemebene darstellen. Charakteristisch für die Emergenzstufe des menschlichen Bewußtseins ist, daß infolge der progressiven Enzephalisation der Wahrnehmung die Theoretisierung wächst. Das menschliche Bewußtsein konstruiert aus seiner Außenwelt, mit der es durch seine Sinneskanäle nur durch schmale Schlitze verbunden ist, ein vorwissenschaftliches oder wissenschaftliches Weltbild. Infolge dieser Theoretisierung kehrt sich auch die Richtung des Informationsflusses um: Es ist nicht mehr die passive Anpassung entscheidend, sondern der aktive Eingriff in die Natur, die dadurch zu einer Kulturwelt umgestaltet wird. Wir horchen sozusagen die Umwelt ab, um ihr die von uns theoretisch gewünschten Strukturen aufzuprägen. Wie OTT (1981) in einer weiteren Anwendung des Modells der selbst optimierenden Spirale gezeigt hat, wird jedoch durch das Ökosystem die Übereffizienz dominierender Arten eingeschränkt. Es kommt zu einer »begrenzten Katastrophe«, welche nicht die Unvollkommenen, sondern die Überperfektionierten eliminiert. Für den Menschen, der in der Gegenwart wie keine andere Art von Lebewesen seine »Biomasse«, d. h. die Gesamtmasse der Einzelglieder seiner Art gesteigert hat, bedeutet diese Vorstellung, daß seine weitere Entwicklung nicht mehr von der Perfektionierung seiner kognitiven Fähigkeiten, sondern seiner moralischen Fähigkeiten abhängen wird.

Literatur

BEURLEN, K., 1937: Die stammesgeschichtlichen Grundlagen der Abstammungslehre. Jena: Gustav Fischer.

DARWIN, CH., 1859: On the Origin of Species. London. Deutsche Ausgabe: G. Gärtner, o. J. Halle: O. Hendel.

DARWIN, CH., 1871: The Descent of Man. London. Deutsche Ausgabe: G. Gärtner, o. J. Halle: O. Hendel.

GLANSDORFF, P., & I. PRIGOGINE, 1971: Thermodynamic Theory of Structure, Stability and Fluctuations. New York: Wiley.

GOLDSCHMIDT, R., 1935: Geographische Variation und Abweichung. Naturwiss. **23**.

HAKEN, H., 1981: Erfolgsgeheimnisse der Natur. Stuttgart: Deutsche Verlagsanstalt.

HOLST, E. V., & U. V. SAINT PAUL, 1960: Vom Wirkungsgefüge der Triebe. Naturwiss. 47.

HÖRZ, H., & U. RÖSEBERG, 1981: Materialistische Dialektik in der physikalischen und biologischen Erkenntnis. Berlin: Akademie Verlag.

JANTSCH, E., 1979: Die Selbstorganisation des Universums. München: Hanser.

KÜPPERS, B. O., 1983: Zufall oder Planmäßigkeit. Erkenntnistheoretische Aspekte der biologischen Informationsentstehung. Biologie i. u. Z. **13** (4).

LAMARCK, J., 1809: Philosophie zoologique. Paris. Deutsche Ausgabe: H. Schmidt, o. J. Leipzig: Kröner.

Lecomte du Noüy, P., 1939: L'homme devant la science. Paris: Masson.
Lewin, R., 1980: Evolutionary Theory Under Fire. Science **210**.
Lyell, Ch., 1830: Principles of Geology. London.

Mayr, E., 1982: Darwinistische Mißverständnisse. In: Dialektik **5**: Darwin u. d. Evolutionstheorie. Köln: Pahl-Rugenstein.
Mayr, E., 1979: Evolution und die Vielfalt des Lebens. Berlin, Heidelberg, New York: Julius Springer.

Ott, J. A., 1981: Adaptive Strategies at the Ecosystem Level: Examples from Two Benthic Marine Systems. Marine Ecology **2**: 113–158.
Oeser, E., 1974: System, Klassifikation, Evolution. Wien, Stuttgart: Braumüller.
Oeser, E., 1976: Wissenschaft und Information. Wien, München: R. Oldenbourg.
Oeser, E., 1979: Wissenschaftstheorie als Rekonstruktion der Wissenschaftsgeschichte. Wien, München: R. Oldenbourg.

Prigogine, I., & I. Stengers, 1981: Dialog mit der Natur. München, Zürich: R. Piper & Co.

Riedl, R., 1980: Biologie der Erkenntnis. Die stammesgeschichtlichen Grundlagen der Vernunft (unter Mitarbeit von R. Kaspar). Berlin und Hamburg: Paul Parey.

Schindewolf, O. H., 1950: Grundlagen und Methoden der paläontologischen Chronologie. 3. Aufl. Berlin: Bornträger.
Spath, L. F., 1933: The Evolution of the Cephalopoda. Biol. Rev. **8**.
Spencer, H., 1875: Grundlagen der Philosophie. Deutsche Ausgabe: Stuttgart: E. Schweitzbart'sche Verlagsbuchhandlung.

Weizsäcker, C. F. v., 1974: Evolution und Entropiewachstum. In: Weizsäcker, E. v. (Hrsg.): Offene Systeme I. Stuttgart: Ernst Klett.
Weizsäcker, E. v., 1974 (Hrsg.): Offene Systeme I. Beiträge zur Zeitstruktur von Information, Entropie u. Evolution. Stuttgart: Ernst Klett.
Wilson, E. O., 1980: Biologie als Schicksal. Frankfurt, Berlin, Wien: Ullstein.

Zimmermann, W., 1938: Vererbung »erworbener Eigenschaften« und Auslese. Jena: Gustav Fischer.
Zimmermann, W., 1953: Evolution. Die Geschichte ihrer Probleme und Erkenntnisse. Freiburg, München: Alber.

Evolutionäre Psychologie

Gerhard Medicus

Einleitung

1835 hatte Darwin auf den Galapagos Inseln eine beeindruckende Vielfalt von Arten gesehen, vielfach Tiere, die er in ähnlicher Form auch vom südamerikanischen Festland her kannte. Nach seiner eigenen Einschätzung waren dies entscheidende Eindrücke für die Entwicklung seiner Theorie über die Abstammung der Arten. Er veröffentlichte sie erstmals 1859 im bekannten Werk *The Origin of Species by Means of Natural Selection.* Seither ist Darwins Abstammungslehre eine grundlegende Theorie für viele Zweige der Biologie. Fast müßig ist die Erwähnung, daß z. B. die vergleichende Anatomie samt Embryologie und Ultrastruktur, die Paläontologie und die biologische Systematik, sowie die Ethologie, trotz der verschiedenen Methoden, die Aussage von Darwin bestätigen.

Obwohl schon Darwin seine Theorie unter anderem auf Instinkte, den Ausdruck von Emotionen und auf intellektuelle und geistige Fähigkeiten, also auf Leistungen von Nervensystemen bezieht (Darwin, 1859, 1871, 1872), wurde diese Aussage in ihrer Tragweite erst später um die Jahrhundertwende von Whitman (1898), dann von Heinroth (1910) und schließlich von Lorenz (1927) erkannt. Dieser Ansatz erscheint wichtig. Stammesgeschichtliche Gesichtspunkte sind bisher in den Wissenschaften, die sich mit psychischen Leistungen befassen, zu wenig berücksichtigt worden. Dieser Beitrag soll sie ins Blickfeld rücken.

Hirnleistungen sind der physiologische Funktionsablauf von Nervenstrukturen, die in der Stammesgeschichte entstanden sind. So ist zu erwarten, daß auch hier Gesetze aus der Evolutionsbiologie ihre Gültigkeit haben (Lorenz, 1954). Im ersten Teil sind daher einige Gesetzmäßigkeiten der Biologie zu erläutern, die für das weitere Verständnis hilfreich sein mögen. Sie werden mit einschlägigen morphologischen Beispielen untermauert. Der zweite Teil ist der Versuch einer Naturgeschichte psychischer Leistungen; der Gedankengang ergibt sich aus Lorenz' »Die Rückseite des Spiegels« (Lorenz, 1973). Der dritte Teil schließlich soll darlegen, daß das Lorenzsche Modell (Lorenz, 1973) eine leistungsfähige Verständigungsbasis für die Diskussion zwischen theoretischen Standpunkten der Psychologie abgibt. Ein breites empirisches Fundament liegt diesem Ansatz zugrunde.

Kurzdarstellung der Evolutionsbiologie

Jene Wissenschaft, die Darwin bis in ihre molekularen Ursachen hinunter bestätigt, ist die moderne Genetik. Nach ihrer Aussage treten zufällige Veränderungen (Mutationen) und Neuverteilungen (Rekombinationen) der Erbmasse als Ursachen für neue Varianten ein. Die natürliche Auslese wirkt über die Anzahl der Nachkommen auf diese Varianten fördernd oder behindernd. Weil die Sequenzen der Basentripletts eine Form codierter Information darstellen, die im Laufe der Evolution entstanden ist, darf man abgekürzt sagen: Evolution ist ein informationsgewinnender Prozeß. Da es jedoch richtige und falsche Information gibt, und die falsche von der Selektion »behindert« wird, sollte man richtiger sagen: Evolution ist ein Kenntnis gewinnender Prozeß (Lorenz, 1941, 1943, 1973; Riedl, 1975, 1980). Jede neue Mutations-Rekombinations-Variante stellt gewissermaßen einen Testfall (»Erwartung«) an die Realität dar, die Selektion bestimmt die Wahrscheinlichkeit des Erfolges (»Erfahrung«) der neuen Variante (Riedl, 1980). Es gilt nach Riedl, in einer Welt, die von Zufall und Gesetzlichkeit bestimmt wird, die Prognostik zu verbessern.

Betrachten wir die stammesgeschichtliche Entwicklung, so sehen wir, daß sie eine Stufenfolge von Vorbedingungen und Präadaptationen war. Mit jedem stammesgeschichtlichen Entwicklungsstand sind funktionsabhängige Differenzierungen als Vorbedingungen gegeben, die Voraussetzungen für die nächsten stammesgeschichtlichen Entwicklungsschritte darstellen. Aus dem Repertoire der möglichen Weiterentwicklungen von unterschiedlichen Entwicklungsniveaus aus haben nur wenige Formen bis heute überlebt. Durch die ständig in der Stammesgeschichte entstehende Vielfalt (durch Rekombination und Mutation) und Kanalisierung (durch Selektion, Isolation u. a.) sind jeweils besondere Vorbedingungen gegeben, die die Möglichkeiten einer Weiterentwicklung unterschiedlich begrenzen. Dadurch werden gewissermaßen »Weichen« gestellt. So waren mit der Entstehung der inneren Befruchtung, des Amnion, der verhornten Haut usw. bei Reptilien Strukturen entstanden, die eine Befruchtung, Embryonalentwicklung und ein Leben auch außerhalb des Wassers ermöglichten. Damit waren Vorbedingungen gegeben für die Entwicklung sowohl der Säuger als auch der Vögel. Solche Merkmale, die stammesgeschichtlich dieselbe Herkunft haben, bezeichnet man als homolog: Jedes Amnion läßt sich auf ein Uramnion zurückführen, ebenso jede Wirbelsäule oder jede Chorda dorsalis. Dieser Tatsache verdanken wir es, daß man fast alle Kreaturen in Ähnlichkeitsfelder gruppieren kann, so die

Wirbeltiere in: Kieferlose Fische, Knorpel- und Knochenfische, Amphibien, Reptilien, Vögel und Säuger. Die Ähnlichkeitsfelder stehen nicht beziehungslos nebeneinander, sondern lassen sich ineinander schachteln: Reptilien, Vögeln und Säugern ist das Amnion und die verhornte Oberhaut (usw.) gemeinsam; mit den Amphibien haben sie die Tetrapodenextremität, mit den Fischen den Kieferapparat und mit den Kieferlosen die Wirbelsäule, die Schädelbildung mit zwei Lateralaugen und paarigem Labyrinth gemeinsam. In Einklang mit der Paläontologie läßt sich dies widerspruchsfrei nur so verstehen, daß das Merkmal Wirbelsäule älter ist als das Merkmal Kieferapparat, und dieses wiederum älter als das Merkmal Tetrapodenextremität und dieses älter als das Amnion. Alle Arten innerhalb einer Gruppe, die das jeweils jüngere Merkmal nicht zeigen, müssen einem eigenen Ast im Stammbaum zugeordnet werden, der noch vor jener Gruppe, die das neue Merkmal zeigt, abzweigt. Jedes Ähnlichkeitsfeld ist bei tatsächlicher Homologie zumeist durch viele gemeinsame Merkmale bestimmt: Alle Säuger, und nur diese, besitzen Haare; bei allen Säugern wird die vierte linke Kiemenbogenarterie zum Aortenbogen, bei allen Vögeln hingegen die vierte rechte usf.

Wenn nicht, wie bei der Homologie, stammesgeschichtliche Beziehungen die Ursache für die Entstehung von Ähnlichkeiten sind, sondern Umweltfaktoren, spricht man von Analogien. Die Entwicklung konvergiert dabei auf einen sogenannten Lebensformtyp zu. Bei der Erstellung eines Organismensystems (Stammbaum) bildet die Frage nach der Homologie bzw. Analogie von Strukturen und Funktionen ein zentrales Kriterium. Ein Beispiel für analoge Entwicklungen bietet die Differenzierung von optischen Sinnesorganen, wie etwa das Auge der Tintenschnecken (Tintenfische) einerseits und das Auge der Wirbeltiere andererseits. In beiden Entwicklungslinien ist das ähnlich kompliziert strukturierte und funktionierende Sehorgan unabhängig voneinander entstanden (s. z.B. KAESTNER, 1954).

Daß sich bis in die Anfänge der Lebensentstehung noch Homologien auffinden lassen, verdankt man dem konservativen Ablauf der Evolution. Es verhält sich nämlich so, daß mit dem stammesgeschichtlichen Alter eines noch vorhandenen Merkmals die Wahrscheinlichkeit seines völligen Verlustes sinkt. Der Grad der Fixierung eines Merkmals nimmt meist mit dem Alter desselben zu, weil das Ausmaß der Vernetzung der Gene, die dieses determinieren, größer wird. So kann oft aus entwicklungsphysiologischen Gründen (Induktionsketten) auf alte Strukturen nicht verzichtet werden.

Neuere stammesgeschichtliche Erwerbungen passen sich den Vorbedingungen ein (Synorganisation). Diese Vorbedingungen sind gewissermaßen teuer erworbene Kenntnisse, die bereits eine längere Überprüfung durch die Selektion hinter sich haben. Es werden daher zumeist alte bewährte Strukturen nicht durch neue, die erst von Grund auf entwickelt werden müßten, ersetzt, sondern es wird auf den vorhandenen Vorbedingungen weitergebaut und in kleinen Schritten modifiziert, wobei der einzelne Schritt zumindest keinen Nachteil bringen darf. Eine Art kann nicht »wegen Umbau« 100 000 Jahre »schließen« (OSCHE, 1982). Der Quastenflosser, ein »lebendes Fossil« aus dem unteren Devon (350 Millionen Jahre) zeigt in seiner Flossenbasis Knochenstücke, die unseren Ober- und Unterarmen bzw. -schenkeln homolog sind. Unter anderem durch Veränderungen an den Größenrelationen sind aus diesen Bausteinen in vielen kleinen Schritten etwa das Skelett des Vogelflügels ebenso wie das des Fledermausarmes geworden.

v. Baer beobachtete schließlich, daß Embryonen verwandter Tiere einander ähnlicher sind als die entsprechenden Adultformen, denn »das Gemeinsame einer großen Tiergruppe bildet sich [meist] früher im Embryo als das Besondere« (v. BAER, 1828). HAECKEL (1866) interpretierte diese v. Baersche Regel der Embryonenähnlichkeit stammesgeschichtlich und unterstützte damit die Theorie Darwins: Die Ontogenie wiederholt oft Grundschritte der Stammesgeschichte. Dabei werden stammesgeschichtlich zum Teil überholte Merkmale nur für eine bestimmte Zeit in der Embryonalphase angelegt, um später umgebaut oder rückgebildet zu werden. Die Chorda dorsalis etwa tritt in unserer Embryonalentwicklung nur relativ kurzzeitig auf und ist homolog mit jeder anderen Chorda dorsalis, z. B. der der Acrania (Lanzettfischchen). Die Kiemenbögen bei Embryos von allen landbewohnenden Wirbeltieren sind homolog mit denen aller übrigen Wirbeltiere. RIEDL (1975) interpretiert diese biogenetische Grundregel (Haeckelsche Regel) so, daß aus entwicklungsphysiologischen Gründen nicht auf die stammesgeschichtlichen Vorbedingungen verzichtet werden kann; aus stammesgeschichtlichen Vorbedingungen (Metaphän) sind formative Voraussetzungen (Interphän) für die Induktionsfolgen der Ontogenie geworden.

Bei dem Versuch, aus der Beobachtung der Verhaltensentwicklung beim Kind im Sinne der biogenetischen Grundregel Rückschlüsse auf Entwicklungsschritte im Tier-Mensch-Übergangsfeld zu ziehen, ist größte Vorsicht am Platz. Nach der Geburt eines Menschenkindes kommt es zu keiner Vermehrung von Nervenzellen mehr, die Ausreifung der Nervensystemfunktionen erfolgt durch Auswachsen von Dentriten und durch Markscheidenreifung. Ob sich dabei formative Voraussetzungsreihen von Entwicklungsschritten (im Sinne einer Wiederholung von phylogenetischen Entwicklungsschritten, Interphäne), nachweisen lassen, ist fraglich, auch wenn die Verhaltensentwicklung eines Säuglings und Kleinkindes zum Teil die biogenetische Grundregel zu bestätigen scheint (z. B. der Greifreflex von Frühgeburten und Neugeborenen, als eine vermutlich homologe Entsprechung zum Greifreflex von Affenbabies, die sich im Fell der Eltern festhalten müssen; oder das Spielgesicht von Kleinkindern und Schimpansen). Man wird hier nach einer ergänzenden Deutung suchen müssen. Vielleicht ermöglicht nur eine ganz bestimmte Reihenfolge der Leistungsreifung des Nervensystems, im Sinne einer Folge von Vorbedingungen, eine ungestörte Entwicklung.

Evolution der Psyche

An diesem Punkt gilt es festzustellen, daß in der Ontogenie der Nervensysteme samt ihrer Leistungen genetische Determinanten eine wichtige Rolle spielen. Ergebnisse der Verhaltensgenetik und Erfolge bei der charakterlichen Haustierzucht, ferner Vergleichsuntersuchungen an ein- und zweieiigen Zwillingen bezüglich Charakterzügen und psychopathologischer Eigenschaften sprechen für genetische Determinanten bei psychischen Leistungen. Darüber hinaus brauchen wir angeborene Kenntnisse im Sinne von Erfahrungen der Stammesgeschichte, etwa um mit Hilfe dieser »angeborenen Lehrmeister«, zu denen auch die A-priori gehören, zum Lernen im Leben überhaupt fähig zu sein (KANT, 1781, 1790; LORENZ, 1941).

Man kann ferner von homologen Nervensystemstrukturen, bei denen der alte Funktionszusammenhang noch besteht, auf homologe Leistungskomponenten schließen. So lassen sich etwa für die neuro-anatomischen Strukturen optischer und vestibulärer Wahrnehmung mit den dazugehörigen Sinnesorganen (Auge und Bogengänge) samt ihren Leistungen Homologien durch den Vertebratenstammbaum hindurch finden. Es lassen sich außerdem manche Leistungen von Nervensystemen als homolog klassifizieren, ohne daß man die entsprechenden Nervenstrukturen kennen muß. So können mannigfaltige Erbkoordinationen (angeborene Verhaltensweisen) entstehen, die man oft an ihrer typischen Ausprägung durch ganze Familien, seltener durch Ordnungen hindurch verfolgen kann. Dies gilt besonders für Verhaltensweisen der Signalgebung (Verständigung, Stimmungsübertragung), die in der Phylogenie variiert werden können, ohne den Trägerorganismus in unmittelbare Lebensgefahr zu bringen. Der Kenntnisgewinn ist primär innerartlich: Stimmung und Ausdruck beim Sender müssen mit dem Reizfilter, der beim Empfänger den Eindruck auslöst, phylogenetisch abgestimmt werden (Coevolution), damit Ausdruck und Eindruck einander entsprechen. Diese sogenannten ritualisierten Verhaltensweisen eignen sich gleich gut zur systematischen Zuordnung einer Art wie entsprechende morphologische Merkmale.

Bei unmittelbar lebenswichtigen Handlungen (z. B. Lokomotion, Nahrungserwerb) hingegen sind die Möglichkeiten einer stammesgeschichtlichen Entfaltung klein, denn es ist höchste Wirksamkeit gefordert. Der Kenntnisgewinn ist ein Abbild (Isomorphie) der Naturgesetze (LORENZ, 1941, 1943). Derartige Handlungen verwandter Arten fallen dadurch sehr ähnlich aus. Homologien sind hier von Analogien deshalb meist nicht mit Sicherheit zu unterscheiden.

Weil bei der Signalgebung von nah verwandten Arten häufig Unterschiede zu finden sind, eignen sich diese Verhaltensweisen gut für verhaltensgenetische Untersuchungen. Vielfach verhält es sich bei der Entstehung von Arten sogar so, daß Verhaltensänderungen morphologischen Änderungen vorausgehen.

Erbkoordinationen zur Signalgebung finden sich auch beim Menschen. Wie Beobachtungen aus dem Kulturenvergleich zeigen, dürften große Anteile unserer mimischen Verständigung bei Sender und Empfänger und der ihr zugrundeliegenden Gefühle angeboren sein (Eibl-Eibesfeldt, 1976; Lorenz & Leyhausen, 1968). Es lassen sich dabei eine ganze Reihe von Ausdrucksbewegungen des Menschen finden, die mit entsprechenden der Menschenaffen und anderer Primaten homolog sein dürften (Lächeln und Lachen, Drohen und Drohstarren, Schmollen und Betteln, Aufmerksamkeitsgesicht usw.).

Es ergibt sich nun die Frage, ob man Leistungen von Nervensystemen kennt, die sich Stufe für Stufe, das heißt von Voraussetzung zu Voraussetzung, durch den Vertebratenstammbaum hindurch verfolgen lassen. Auch für unsere psychischen Leistungen ist zu erwarten, daß bei ihrer Evolution dieselben stammesgeschichtlichen Gesetze Gültigkeit hatten, wie wir sie von der anatomischen Basis ihres Nervensystems her kennen. Weil auch bei der Entwicklung von Nervensystemleistungen die Summe alter Leistungen weitgehend Voraussetzung jedes weiteren Entwicklungsschrittes gewesen ist, und weil die jeweils jüngeren Schritte zu den Vorbedingungen passen, ist zu erwarten, daß auch hier auf viele alte und bewährte, das heißt durch die Selektion über lange Zeit überprüfte Funktionen nicht verzichtet werden kann. Auch hier wird zutreffen, daß mit dem Alter einer Leistung die Wahrscheinlichkeit ihres Verlustes sinkt. Dies wird durch Kenntnisse aus der vergleichenden Neuroanatomie der Wirbeltiere gestützt, die unterschiedlich alte Teile des Nervensystems kennt.

Von den Disziplinen, die Hirnleistungen vergleichen, hat die Ethologie bisher die meisten Tiergruppen quer durch die zoologische Systematik hindurch untersucht (z.B. Eibl-Eibesfeldt, 1967; Immelmann, 1982; Lorenz, 1965, 1978 a, b; Tembrock, 1982; Tinbergen, 1977). Die Verhaltensforschung erarbeitete hier wahrscheinlich den feinsten Raster möglicher stammesgeschichtlicher Varianten und unterschiedlich hoher Entwicklungsniveaus. Es war Lorenz, der mit seinem »Versuch einer Naturgeschichte menschlichen Erkennens« (Lorenz, 1973) unterschiedliche Entwicklungsstufen des Verhaltens so geordnet hat, daß sich daraus eine vermutliche Reihung von Vorbedingungen ergibt, als eine Stufenfolge vermutlicher Homologien, gewissermaßen ein hypothetischer Stammbaum psychischer Leistungen. Den Begriffen in der Tabelle 3 liegen Ergebnisse der Ethologie zugrunde, die Tiere mit Leistungen der unterschiedlichsten Organisationshöhen kennt. Daraus und aus rein plausiblen Gründen ergibt sich die Reihung, die Lorenz vorgenommen hat. Eine Überprüfung über den Nachweis von Homologien steht noch aus.

1. Die Ausgangsstufe dieser Reihung soll Nervensysteme unseres Stammes umfassen, die noch nicht fähig sind, in der Individualentwicklung (Ontogenie) etwas zu lernen. Die Komplexität der Leitungen kann trotzdem bereits groß sein.

Tab. 3. Idealisiertes und vereinfachtes Schema eines hypothetischen Stammbaumes psychischer Leistungen, basierend auf Lorenz, 1973. Nähere Erklärung im Text

vermutlich homolog bei:	Wirbeltiere (Fische, Amphibien, Reptilien)		Affen	Menschenaffen	Mensch
analog bei:	Gliedertiere und Weichtiere		andere höhere Säuger, höhere Vögel	Delphine?	
					verantwortliche Moral Gewissen
					Wollen
					Voraussicht der Folgen eigenen und fremden Handelns
				Handeln im Anschauungsraum	
			Einsicht		
				Nachahmung	
			objektabhängige Tradition		
					objektunabhängige Tradition
					überindividuelles Wissen
					Wortsprache
					begriffliches Denken
					Reflexion das eigene Denken wird zum Objekt
				Selbstexploration das Ich wird zum Objekt	
			Neugier, Spiel		
		operantes Erwerben bedingter Aktionen			
		operantes Erwerben bedingter Reaktionen			
	EAAM				
AAM					
Appetenz					
	bedingte Appetenz				
	hoch selektives Erkennen der optimalen Afferenz während der triebbefriedigenden Endhandlung				
Endhandlung					
		Erbkoordinationskomponenten werden immer kürzer			
			Willkürbewegung		

Charakteristisch für diese Stufe sind erstens eine Reihe angeborener Reizfilter (angeborener Auslösemechanismus = AAM). Ein bekanntes Beispiel ist die Zecke, die den Säuger an Buttersäure und 37 °C Wärme erkennt. Diese Stufe kennt zweitens angeborene Appetenzhandlungen. Das sind Verhaltensweisen, die die Wahrscheinlichkeit heben, auf eine Situation zu treffen, auf die ihr Reizfilter anspricht. Unsere Zecke erklettert einen Strauch und wartet auf den Reiz Buttersäure, auf den hin sie sich herunterfallen läßt. Die 37 °C warme (haarlose) Körperoberfläche löst den Ablauf (drittens) der triebbefriedigenden Endhandlung aus, die Zecke bohrt die Haut an, um Blut aufzunehmen.
Erbkoordinationen werden von sogenannten Taxiskomponenten ausgesteuert, die, abhängig von äußeren Reizen, z. B. deren Orientierung im Raum bestimmen. So werden etwa Unebenheiten des Bodens und Hindernisse bei der Fortbewegung bewältigt, ohne daß der harmonische Bewegungsablauf gestört wäre (Lorenz & Tinbergen, 1939).
Ein Tier funktioniert jedoch nicht wie ein Reiz-Reaktions-Automat: Es ist fähig, spontan (ohne äußeren Reiz) zu agieren (Holst, 1969; Roeder, 1955), etwa mit einer Appetenzhandlung zu beginnen. Unter Umständen kann aber auch bei einem entsprechend langen Triebstau eine Erbkoordination leer ablaufen (Leerlaufhandlung).
Bis zu dieser Stufe ist alle Kenntnis des Nervensystems Ergebnis von Mutation, Selektion, Rekombination und Isolation. Man kann auch von phylogenetisch Gelerntem sprechen. Man darf erwarten, daß aus diesem stammesgeschichtlichen Entwicklungsstadium unseres Nervensystems neurokybernetische Verschaltungsprinzipien als Homologa in irgendeiner Form noch heute bei uns Menschen vorhanden sind, die über die Leistungen einer einzelnen Nervenzelle hinausgehen.

2. Die nächste Stufe in unserer Reihung vermutlicher Vorbedingungen zeichnet sich durch die Fähigkeit, im Leben zu lernen, aus; zunächst wird ein AAM durch Erfahrung ergänzbar. Man spricht von einem durch Erfahrung ergänzten angeborenen Auslösemechanismus (EAAM). Das angeborene Auswählvermögen des Auslösemechanismus bekommt als Beurteilungsinstanz eine scharf auswählende Leistung in Form eines angeborenen, hoch selektiven Erkennens der optimalen Rückmeldung während der triebbefriedigenden Endhandlung zur Seite gestellt. Wenn diese Rückmeldung günstig gewesen ist, wird das bereits kurzzeitig gespeicherte Bild von der Situation, auf das der AAM vor der Endhandlung angesprochen hat, zu einer länger gespeicherten Erfahrung, die nun den AAM ergänzt: Der Auslösemechanismus ist selektiver geworden. Welch hoher Grad stammesgeschichtlicher Kenntnis, also rein angeborenen Wissens, die Voraussetzung für einfaches individuelles Lernen ist, ahnt man angesichts der einfachsten Nervenschaltpläne, die wir kennen (Alkon, 1983; s. a. Hassenstein, 1973). Das Repertoire der Möglichkeiten, wie Afferenzen (das sind Meldungen an das

Zentralnervensystem) miteinander verknüpft werden können, ist ein Produkt der Stammesgeschichte (Bittermann, 1965). Wie entscheidend vorgegebene Bahnen für die Lernfähigkeit sind, mag man am Beispiel der relativ intelligenten Ratte erkennen. Auf Grund ihrer phylogenetischen »Erfahrung« hat die Ratte die »Erwartung« eingebaut, daß Übelkeit die Folge schlechten Futters sei. Übelkeit nach der Fütterung wird sie deshalb angeborenermaßen mit einer bedingten Aversion, der Ablehnung des Futters, beantworten. Dasselbe wird »sinnvollerweise« auch ein Röntgenkater, der die Übelkeit hervorruft, bewirken (Garcia, 1967). Schmerzreize nach der Fütterung hingegen können auch nach 100 Durchgängen dem Tier kaum ein Futter abgewöhnen.
Die angeborene Selektivität des Auslösemechanismus kann mit der Fähigkeit, ihn durch Erfahrung ergänzen zu können, abnehmen. So können sich alte Leistungen unter den Selektionsbedingungen neu dazugekommener ändern.
Ein Beispiel für einen EAAM beim Menschen ist der von Ahrens (1954; s.a. Spitz, 1976) entdeckte, durch Erfahrung ergänzbare AAM des Säuglings, der das sogenannte Dreimonatslächeln auslöst. Der Säugling hat gewissermaßen eine einfache angeborene Hypothese vom Gesichtsschema eines Erwachsenen. Im Grunde wird es von der horizontalen Haaransatz- bzw. Augenlinie und der vertikalen Nasenlinie bestimmt. Wenn die beiden Linien, in Form eines T's auf ein weißes Blatt gemalt, vor dem Kind gekippt werden, interpretiert das der Säugling als freundliches Zunicken eines Erwachsenen und antwortet mit einem Lächeln. Dieser AAM wird dann durch die Erfahrung vom Aussehen der Pflegeperson ergänzt. Wie Attrappenversuche bei Tier und Mensch zeigen, erkennen die angeborenen Reizfilter die auslösende Situation, bei aller Selektivität, an äußerst groben Relationen. Ein detailreiches Erkennen von Artgenossen und Objekten durch den Reizfilter kann nur durch individuelles Lernen erreicht werden (EAAM; erworbener Auslösemechanismus = EAM). Im übrigen liegen die Vorteile des individuellen Lernens auf der Hand: Der ontogenetische Kenntnisgewinn erfolgt um einige Zehnerpotenzen rascher als ein phylogenetischer Kenntnisgewinn und kann sich z.B. einer sich verändernden Umwelt besser anpassen. Der Nachteil: Das ontogenetisch Gelernte geht mit dem Tod des Individuums verloren.
Wenn ein Tier Erfahrungen im Sinne eines EAAM gemacht hat, richtet sich die Appetenz nach Reizsituationen, die den besseren Erfahrungen entsprechen. Die Ethologie spricht deshalb von bedingten Appetenzen (mutatis mutandis von bedingten Aversionen).
Die Funktionszusammenhänge des ontogenetischen Lernens haben sich in der Stammesgeschichte ständig verändert. Trotzdem kann man erwarten,daß neurokybernetische »Bausteine« unseres Lernens homolog mit den frühesten Lernleistungen sind.
An dieser Stelle sei ein spekulativer Exkurs zur Frage nach der Entstehung unserer

Emotionen und unseres Bewußtseins eingefügt. Man kann von der Überlegung ausgehen, daß vor einer individuellen Lernfähigkeit Gefühle wahrscheinlich keinen Selektionsvorteil bieten würden (LORENZ, 1980). Eine Beobachtung aus der Neuropathologie des Hippocampus sei als Argument für die möglicherweise enge Verbindung von Emotionen und Lernen angeführt. Der Hippocampus ist ein Teil des Limbencephalon, eines stammesgeschichtlich alten Hirnteiles, der eine große Rolle für Emotionen spielt (PAPEZ, 1937). Bei beidseitigen Läsionen des Hippocampus kommt es zu Störungen des Gedächtnisses: Es können Inhalte des Kurzzeitgedächtnisses nicht mehr ins Langzeitgedächtnis aufgenommen werden (MILNER, 1962).

Man darf sich fragen, ob nicht Leistungen eines ursprünglichen Lernwesens zu Vorbedingungen einer »emotionalen Bewußtheit« geworden sind. Wir haben gesehen, daß zu den Leistungen dieser Stufe das hoch selektive Erkennen der optimalen Rückmeldung während der triebbefriedigenden Endhandlung, der EAAM und die bedingte Appetenz gehören. Es mag Spekulation sein, daß das hoch selektive Erkennen der optimalen Afferenz während der triebbefriedigenden Endhandlung mit der Bereitschaftsinstanz (Appetenz) zu Vorbedingungen von Emotionen wurden. Eine zentrale übergeordnete Verrechnungsinstanz, die zwischen besser als gut und schlechter als schlecht unterscheidet, indem sie mit den Rückmeldungsafferenzen und den Appetenzen in einem engen Verrechnungswechselbezug steht, könnte einen angeborenen emotionalen Lehrmeister abgeben. Gedächtnisleistungen, die über die Ergänzung des AAM hinausgehen, haben vielleicht eine zusätzliche Rolle gespielt: die Erinnerung an die Rückmeldungsqualitäten während (der Appetenz und) der Endhandlung. (Unsere emotionelle Ausstattung schließlich zeigt typische Primatenmerkmale und ist das Produkt einer stammesgeschichtlichen Differenzierung zu einem hoch entwickelten Sozialwesen.) In die vermutete emotionelle Bewußtheit dürften nach und nach immer bessere Abstraktionsleistungen der Wahrnehmung und immer umfassender prognostizierende Verrechnungsleistungen wie Einsicht, später Handeln im Anschauungsraum und schließlich Reflexion mit einbezogen worden sein. So könnte aus emotionellen Vorbedingungen schließlich unser Bewußtsein gewachsen sein. Aus evolutionärer Sicht ist die subjektiv zwischen Leib und Seele erlebte Spaltung (Leib-Seele-Dualismus) nur eine kognitive (s. dazu DITFURTH, 1976; POPPER & ECCLES, 1982; VOLLMER, 1980).

3. Dem Tier stehen bis jetzt durch Erfahrung ergänzbare Auslösemechanismen, Appetenzverhalten und triebbefriedigende Erbkoordinationen zur Verfügung. Eine Art kann nun als nächsten entwicklungsgeschichtlichen Schritt unter der Motivation einer Appetenz ein und dieselbe Bewegungsweise an verschiedenen Objekten und Situationen in erkundender Weise durchprobieren, gewissermaßen die Brauchbarkeit dieser Objekte erkunden. LORENZ (1973; HASSENSTEIN, 1973) spricht in diesem Fall von operantem Erwerben bedingter Reaktionen. Bei diesem Erkundungsverhalten werden bei günstigen Rückmeldungen bedingte Appetenzen gebildet. Raben haben einen angeborenen Reizfilter für die Auswahl ihres Nistmaterials. Indem sie verschiedenes durchprobieren, was dieser Filter durchläßt, lernen sie durch die Rückmeldungen während der triebbefriedigenden Endhandlung das optimale Material kennen: Der AAM ist durch Erfahrung ergänzt worden, der (EAAM-)Reizfilter wählt nun schärfer aus. Es kann aber vorkommen, daß z. B. eine Erbkoordination aus dem Nestbauverhalten in ähnlichen Situationen immer wieder eine neue Nahrungsquelle erschließt. Nun wird es von Vorteil sein, wenn das Tier diese Situation wiedererkennt und darüber hinaus neurokybernetisch dazu in der Lage ist, das Verhaltenskommando für diese Bewegung aus dem Nestbauverhalten mit der Bereitschaftsinstanz (Appetenz) des Nahrungserwerbes zu assoziieren. Das Tier hat operant eine bedingte Aktion (s. Hassenstein, 1973) erworben.

Der Vorteil liegt auf der Hand, wenn in der weiteren Stammesgeschichte die motorischen Verhaltenselemente kürzer werden. Es können nämlich dann durch Aneinanderreihen immer kürzerer Erbkoordinationen beim operanten Erwerben bedingter Reaktionen und Aktionen die Bewegungsmöglichkeiten immer variabler werden. Diese Entwicklung führt in Richtung Willkürbewegung.

4. Die Willkürbewegung ist eine Leistung, die eng mit dem Neugier- und Spielverhalten zusammenhängt. Die erwähnten verkürzten motorischen Elemente werden bei Säugern direkt von der vorderen Zentralwindung der Hirnrinde aus durch die Pyramidenbahn angesteuert. Der Hinterstrang, der stammesgeschichtlich etwa zur selben Zeit entsteht, leistet die entsprechende Rückmeldung. Die Reafferenzen melden der Hirnrinde die Stellung der Glieder im Raum als Voraussetzung für neue Kommandos und Korrekturen. Offensichtlich genügen die alten, Augenblicksinformationen verarbeitenden Reflexmechanismen allein nicht mehr den Anforderungen einer corticalen Bewegungssteuerung. Entwicklungsgeschichtlich steuert die Pyramidenbahn zuerst nur die vordere Extremität, zunächst mit einem Zwischenneuron zwischen der Pyramidenzelle und der motorischen Vorderhornzelle im Rückenmark, später auch die hintere Extremität (z. B. Starck, 1978). Beim Menschen schließlich gibt es fast keine Zwischenneurone mehr. Wie hoch der extrapyramidale (oder vereinfacht ausgedrückt, der unwillkürliche) Anteil an Bewegungen sein kann, läßt sich am Beispiel unserer Augenbewegungen zeigen. Für reflektorische Augenbewegungen sind die okzipitalen optischen Felder, sowie mesencephale und pontine Zentren zuständig, für Willkürbewegungen hingegen das frontale Augenfeld an der vorderen Zentralwindung. Ist dieses frontale Augenfeld beidseits zerstört, können die Augen nur mehr reflektorisch sich langsam bewegenden Objekten folgen, willkürliche

Augenbewegungen gibt es nicht mehr. Liegen die Störungen aber z. B. in den okzipitalen optischen Feldern, sind willkürliche Augenbewegungen noch in alle Richtungen möglich, aber Gegenstände, die sich bewegen, werden ständig aus dem Bereich scharfen Sehens verloren und können nur mühsam durch Willkürbewegungen wiedergefunden werden (z. B. DUUS, 1976). Man darf diesen sogenannten Fixationsreflex als eine Erbkoordination betrachten, in die die Pyramidenbahn ständig steuernd eingreift.

Was sind nun aber weitere charakteristische Leistungen von Wesen, die sich der Willkürbewegung bedienen? Ein Neugierwesen exploriert, indem es unterschiedliche Bewegungsweisen, die zu verschiedenen Instinkthandlungen gehören, an einem Objekt durchprobiert (beim operanten Erwerben bedingter Reaktionen wurde dieselbe Bewegung an verschiedenen Objekten durchgeführt.) Der Wechsel zwischen diesen Handlungen erfolgt beim Neugier- und Spielverhalten viel rascher, als dies im Ernstfall möglich wäre. So wechseln z. B. bei spielenden Hunden rasch Flucht und Verfolgung. Wird einem jungen Kolkraben ein neuer Gegenstand geboten, so »haßt« er vielleicht zuerst bei hoher Fluchtbereitschaft auf ihn, danach mögen Angriffsversuche folgen, dann kann er versuchen, ihn zu zerkleinern und ihn auf Freßbarkeit hin untersuchen, schließlich wird er ihn möglicherweise noch verstecken. Ein Neugierwesen merkt sich Eigenschaften des untersuchten Gegenstandes und greift gegebenenfalls auf seine Erfahrungen zurück. Die Erfahrung von untersuchten Gegenständen und situativen Gegebenheiten wird so umfassend und komplex, daß man schließlich geradezu von Einsicht sprechen kann, die diese Tiere in räumliche, zeitliche und mechanische Zusammenhänge gewinnen können (z. B. KÖHLER, 1921; RENSCH, 1973; RICHELLE & LEJEUNE, 1980; SCHÖNE, 1983). Für diese komplexen Neugier-, Spiel- und Einsichtsleistungen wären lange und starr vorgegebene Erbkoordinationen hinderlich. Diese Leistungen kommen durch die Willkürmotorik besser zum Tragen.

Wir haben bisher zwei große Prinzipien des Kenntnisgewinns kennengelernt: das langsame phylogenetische Lernen durch Mutation, Selektion, Rekombination und Isolation und das um einige Zehnerpotenzen schnellere ontogenetische Lernen mit dem Nachteil, daß das im Leben Gelernte mit dem Tod des Individuums verloren geht. Ein Prinzip, das diesen Nachteil zu umgehen weiß, ist die Tradition, eine Möglichkeit der »Vererbung« von ontogenetisch Gelerntem. Erste Traditionsbildungen dürften überraschend alt sein; ihre Vorbedingung war die Fähigkeit zur bedingten Appetenz und bedingten Aversion. Dohlen geben ihr manchmal schmerzlich erworbenes Wissen über Feinde (z. B. eine Katze) durch Warnrufe an die nächste Generation weiter. Diese Weitergabe von Wissen ist allerdings an das Erscheinen des Feindes gebunden; Lorenz spricht hier deshalb von einer objektabhängigen Tradition. Ist nämlich einmal Generationen hindurch der entsprechende Feind nicht zu sehen, so geht das Wissen verloren. Die

Traditionsbildung spielt mit der Höherentwicklung der Primaten eine immer größere Rolle für das Sozialverhalten (z.B. HINDE, 1974). Aus prinzipiellen Gründen kann der Informationsträger von im Leben erworbenem Wissen und der Träger der Weitergabe dieses Wissens nur ein anderer als der genetische sein, weil die Erbmasse eines Individuums nicht von ontogenetisch Gelerntem beeinflußt werden kann.

5., 6. Die Möglichkeiten der Tradierung werden durch die Fähigkeit zur Nachahmung erweitert; eine Vorbedingung der Nachahmung ist die Einsicht (KÖHLER, 1921).

In unserem vereinfachten Modell der Reihe der Vorbedingungen sind an dieser Stelle zwei Begriffe bedeutsam: das Handeln im Anschauungsraum und die Selbstexploration, zwei Leistungen, die im Tierreich bei Menschenaffen zu finden sind. Kann z.B. ein Schimpanse eine an der Decke eines Raumes aufgehängte Banane durch Springen nicht erreichen, unterbricht er »sichtlich enttäuscht« seine vergeblichen Bemühungen. Nach einer Weile beginnt er auf den Platz unter der Banane zu schauen, dann blickt er zu einer Kiste, die sich ebenfalls im Raum befindet, schaut wieder zur Banane und dann auf den Platz unter dieser und beginnt »sichtlich erfreut«, die Kiste unter die Banane zu schieben (KÖHLER, 1921; RENSCH, 1973). Wie sollte man die eben beschriebenen Beobachtungen anders interpretieren, als daß der Schimpanse in seinem Anschauungsraum »gehandelt« und so eine Lösung, an die Banane zu gelangen, gefunden hat? Dieses Handeln im Anschauungsraum ist zweifellos eine der Vorbedingungen für unsere noch komplexere Voraussicht der Folgen eigenen und fremden Handelns. Der Selektionsvorteil wird beträchtlich: Wir können unsere untüchtigen Anschauungsformen und Hypothesen an unserer statt »sterben« lassen, ehe wir ihretwegen der Selektion anheim fallen (POPPER, 1974). Wir können unsere Erwartungen ständig an unseren Erfahrungen korrigieren (RIEDL, 1980).

Als eine weitere Leistung einsichtigen Erkennens und Handelns darf man die Selbstexploration betrachten. Ein Schimpanse kann sich selbst nach einiger Zeit im Spiegel erkennen (GALLUPS, 1970; anthropomorph gesagt, erkennt der Schimpanse: Das bin ich). Darüber hinaus kann er auch Veränderungen an sich wahrnehmen. Einen Farbflecken, der ihm in Narkose ins Gesicht gemalt worden ist, wird er im Spiegel explorieren und zu beseitigen versuchen. Er hat sich einsichtigerweise zum Objekt seines Erkennens und Handelns gemacht. Der Mensch schließlich macht bei der Reflexion sein eigenes Denken zum Objekt. Selbstexploration und Reflexion sind sicherlich Marksteine bei der Entstehung unseres Bewußtseins gewesen. Der Mensch hat darüber hinaus mit seinem begrifflichen Denkvermögen samt Wortsprache, seiner Fähigkeit, Hypothesen und Gegenhypothesen bilden zu können und der Fähigkeit, sein Wissen dank der Sprache objektunabhängig weitergeben zu können, einen Höhepunkt erreicht.

Gleichwohl bleibt ein großer Teil von (z. B. sozialen) Antrieben, Hemmungen, Gefühlen und Einschätzungen beim Menschen bestehen, die mit denen der Affen und Menschenaffen höchstwahrscheinlich homolog sind. Beispiele aus dem Sozialverhalten samt Mimik und Gestik sprechen dafür (Eibl-Eibesfeldt, 1967, 1976; Hinde, 1974; Lawick-Goodall, 1971; Wickler, 1970). Stammesgeschichtliche Erwerbungen spielen als Erbkoordinationen eine wichtige Rolle beim motorischen Ablauf unseres mimischen Ausdruckes und den zugrundeliegenden Gefühlsqualitäten, wie auch beim Reizfilter auf der Seite des Empfängers, durch den der Ausdruck des Senders erkannt wird und den entsprechenden Eindruck beim Empfänger hervorruft (Lorenz & Leyhausen, 1968). Für diesen Umstand sprechen Beobachtungen an Säuglingen (Spitz, 1976), die Mimik taubblind geborener Kinder (Eibl-Eibesfeldt, 1967, 1976) und die Tatsache einer weltweit verständlichen mimischen Kommunikation. Wäre es nicht so, müßte man eine ähnliche nonverbale Vielfalt des Ausdrucks erwarten, wie es bei Sprachen der Fall ist.

Unser stammesgeschichtliches Erbe betrifft aber nicht nur den mimischen Ausdruck von z. B. Lachen, Drohen, Schmollen, Trauer usw. Auch andere Ausdrucksbewegungen finden sich als vermutliche Homologien bei vielen Primaten. Schimpansen z. B. begrüßen sich durch Umarmung und Kuß und beruhigen einander in aufregenden Situationen durch körperliche Berührung. Daß sich Umarmung und Körperkontakt aus dem Brutpflegeverhalten herleiten, versteht sich, auch der Kuß als ein vermutlich ritualisiertes Mund-zu-Mund-Füttern dürfte sich von dort herleiten. Ferner kennen auch Schimpansen das Handgeben als Gruß- und Bettelgeste. Sowohl Eingeborenenkinder als auch Affenbabies flüchten bei großem Schrecken zur Brust der Mutter, nehmen häufig zur Beruhigung die Brustwarze in den Mund und beobachten manchmal von diesem sicheren Ort aus die Ursache ihres Schreckens. Auch die Tatsache, daß das liebe, Blumen überreichende Kind die imponierende Wirkung der Gardekompanie anläßlich eines Staatsbesuchs abschwächen kann, hat alte Wurzeln: Sowohl das Kindchenschema als auch die Geste des Schenkens sollen beschwichtigen. Auch der steinzeitliche waffenstarrende Waika-Krieger tanzt bei einem Fest imponierend am Dorfplatz eines Nachbarstammes, in Begleitung eines kleinen, Palmwedel schwingenden Kindes ein (Eibl-Eibesfeldt, 1967, 1976). Das Kind als Beschwichtigungsmittel kennen auch Affen, die sich mit einem Jungen am Rücken eher und länger in die Nähe eines Rivalen wagen.

Affen und erst recht Menschen können ihre angeborenen Reizfilter mehr oder minder durch Erfahrung ergänzen und Auslösemechanismen (Reizfilter) von Grund auf erwerben (EAM), außerdem kann der motorische Ablauf der menschlichen Mimik in relativ engen Grenzen variiert werden. Wie groß die Möglichkeiten einer ontogenetischen Beeinflußbarkeit unserer verschiedenen Einzelleistungen durch Lernen sind, ist noch unbekannt; jedenfalls können psychische und motorische Ähnlichkeiten bei getrennt aufgewachsenen eineiigen Zwillingen verblüffend groß sein. Diese Beobachtungen sagen jedoch verhältnismäßig wenig aus, da die ontogenetische Beeinflußbarkeit von verschiedenen Leistungen verschieden hoch ist. Man bedenke, wie unbelehrbar wir etwa optischen Täuschungen ausgeliefert sind.

Da auch stammesgeschichtlich neue Leistungen zusammen mit den alten zu mitselektierenden Faktoren im Gesamtorganismus geworden sind, ist es z. T. zu Veränderungen an den alten Vorbedingungen gekommen. Der Gesamtorganismus wird so in seinen Einzelleistungen je nach Möglichkeit und Notwendigkeit abgestimmt. Diese komplexen Selektionsbedingungen haben es mit sich gebracht, daß sich durch unsere stammesgeschichtlich jüngeren Leistungen alte Vorbedingungen so stark verändert haben, daß Kenntnisse von Beobachtungen an Tieren nur als Hypothesen auf den Menschen angewendet werden dürfen (s. CRANACH, 1976). Kenntnisse von Tieren dürfen mit anderen Worten nur im Sinne eines erwartungserweiternden Schlusses (RIEDL, 1980) anthropologisch verwertet werden, um das Suchfeld für den Wissenschaftler zu begrenzen (RIEDL, 1976). Es muß von Fall zu Fall überprüft werden, was auf welche Weise beim Menschen noch vorhanden ist. Und in der Tat, die vergleichende Verhaltensforschung an Mensch und Tier konnte, wie wir oben gesehen haben, zeigen, daß sich sehr viele stammesgeschichtlich alte Leistungsprinzipien auch noch beim rezenten Menschen finden.

Die möglichen Veränderungen an den Vorbedingungen bringen es mit sich, daß wir ohne stammesgeschichtlich relativ junge Leistungen (z. B. ohne Tradition) nicht mehr leben könnten; selbst Menschenaffen sind ohne Tradition nicht mehr lebensfähig.

Viele unserer sozialen Einschätzungen und Bewertungen müssen durch Lernen ergänzt werden. Manche Verhaltensformen und Reizfilter können rein kulturelle Erwerbungen sein, die »internalisiert« werden müssen. Eine Vorbedingung von unserer sozialen Tradition ist, neben der Fähigkeit, bedingte Appetenzen und Aversionen bilden zu können, eine phylogenetische Abstimmung von Ausdruck und Eindruck als Voraussetzung einer »Identifizierung« und, damit verbunden, die Fähigkeit zur Nachahmung. Was in diesem Zusammenhang unser Gewissen und unsere verantwortliche Moral vom Zweck her betrachtet sind, ist einleuchtend, wie sie stammesgeschichtlich zu dem wurden, was sie biologisch heute sind, darüber kann man spekulieren (LORENZ, 1956; WICKLER, 1971). Sind hier emotionale Aspekte von sozialen Antrieben und Hemmungen die Vorbedingungen gewesen, die durch eine zunehmende Bedeutung der Tradition selber einen Bedeutungszuwachs erfahren haben?

Angeborene Verhaltenswahrscheinlichkeiten als innere Bedingungen legen beim Tier fest, wie häufig und wie lange welche der Instinkthandlungen unter den entsprechenden Außenbedingungen zur Anwendung kommen. Wir sind durch unsere Fähigkeit, vernunftkontrolliert wollen (LORENZ, 1978 a) zu können, nicht so stark von der Dynamik unserer Bereitschaften (Stimmungen) abhängig wie die Tiere. Unsere Verhaltenswahrscheinlichkeiten können darüber hinaus durch das, was zur Kultur gehört, mehr oder minder nachhaltig überbaut werden.

Anwendung der evolutionären Theorie auf Tiefenpsychologie und Lerntheorie

Wir haben gesehen, daß stammesgeschichtliche Gesetzlichkeiten für Leistungen von Nervenstrukturen gelten. Bis heute gibt es dazu wohl nur in der Ethologie die Ausarbeitung einer hypothetischen stammesgeschichtlichen Stufenfolge von Vorbedingungen (LORENZ, 1973), die in vereinfachter und leicht veränderter Form im vorangegangenen Teil und in Tabelle 3 dargestellt wurde. Weder Aufsatz noch Tabelle können jedoch dem »tatsächlichen« Grad der Vernetzungen der Vorbedingungen gerecht werden. Es verhält sich dabei nämlich so, daß die Mehrzahl von Merkmalen und Leistungen einer Entwicklungsstufe Vorbedingungen für den nächsten Schritt sind. Die Frage nach den Ursachen bestimmter Lebensphänomene kann man nur beantworten, wenn man um die Stammesgeschichte, das heißt um die Reihe der Vorbedingungen weiß.

Bisher war von einer vermutlichen Folge von homologen Vorbedingungen unserer psychischen Leistungen zu lesen. Diese Folge wird aber auch durch analoge Entwicklungen gestützt. Es dürften im Tierreich ähnliche Leistungen mehrmals unabhängig voneinander entstanden sein, z. B. das individuelle Lernen (bei Weichtieren, Gliedertieren und Wirbeltieren; LORENZ, mündl. Mitteilung), das Neugier- und Spielverhalten und die Fähigkeit zur objektabhängigen Tradition (bei Vögeln und Säugern). Die Kenntnis von diesen analogen Entwicklungen ist für uns sehr wertvoll, weil es sich demnach bei der Lorenz'schen Stufenfolge in groben Zügen um ein grundsätzliches und allgemeingültiges Prinzip der Entstehung von Nervensystemleistungen handeln dürfte (CRANACH, 1976; LORENZ, 1974).

Den Leser wird die Leistungsfähigkeit dieses evolutionären Modells überraschen. Für Theorienkonflikte in der Psychologie kann es sich als eine wertvolle Verständigungshilfe erweisen und in diesem Sinn weiterentwickelt werden. Dies soll am Beispiel einiger Aspekte der Lerntheorie und Tiefenpsychologie deutlich gemacht werden. Mit einigen Abstrichen werden sowohl Lerntheorie als auch Tiefenpsychologie zu Spezialfällen des Lorenzschen Modells. Wichtige Grundbegriffe aus der Lerntheorie und Tiefenpsychologie samt einiger ihrer Zusammenhänge überschneiden sich mit dem evolutionären Modell, was im folgenden kurz verdeutlicht werden soll.

Lerntheorie

Die wichtigen Begriffe des klassischen und operanten Konditionierens decken sich teilweise mit den Begriffen der bedingten Appetenz und der bedingten Aktion der Ethologen. Wie bereits erwähnt, richtet sich die bedingte Appetenz nach der erlernten Reizsituation. Das deckt sich mit dem klassischen Konditionieren der Lerntheoretiker, die z. B. beim Pawlowschen Hund das Futter als den unkonditionierten und das Glockenläuten als den konditionierten Stimulus bezeichnen (Pawlow, 1953). Bei der bedingten Aktion wird ein bestimmtes Verhalten durch verstärkende Reize gefördert, indem das Verhaltenskommando mit einer Bereitschaftsinstanz assoziiert wird. Hier spricht der Lerntheoretiker von operantem Konditionieren. Die Trennschärfe der verschiedenen Begriffe unterscheidet sich möglicherweise: Regelmäßig vor der Fütterung eines Pawlowschen Hundes ertönt eine Glocke. Der angeschnallte Hund reagiert nach einer Reihe von Durchgängen bereits auf das Glockensignal hin mit der Speichelsekretion (soweit handelt es sich um einen bedingten Speichelreflex). Wird der Hund jedoch, wie Lidell demonstriert hat, losgeschnallt, zeigt er beim Glockenläuten Appetenzverhalten: Er bellt und wedelt die Glocke an, wie ein Wolf ein älteres Rudelmitglied anbettelt; dieses Verhalten konnte er im angeschnallten Zustand weder zeigen noch lernen. Obwohl im angeschnallten wie im unangeschnallten Zustand nur der gespeicherte Reizeingang (Glocke) mit der Appetenz nach Futter assoziiert wird, wird unter Umständen das Verhalten bei einem nicht angeschnallten Tier als operant konditioniert bezeichnet. Der Ethologe spricht in beiden Fällen von einer bedingten Appetenz, die von einem bedingten Speichelreflex begleitet wird (Hassenstein, 1973; Lorenz, 1978).

Alle z. B. bei dem Lerntheoretiker Foppa (1965) aufgezeigten Formen des Lernens passen nicht nur im Prinzip widerspruchsfrei zu Ergebnissen der Ethologie, sondern ergänzen in wichtigen Punkten die Ergebnisse der Verhaltensforschung. Eine früher von manchen Lerntheoretikern (Behavioristen) vertretene Meinung, der Mensch werde völlig erfahrungslos als eine sogenannte »tabula rasa« geboren, also ohne stammesgeschichtliche Vorkenntnisse (beziehungsweise Erfahrungen), darf inzwischen als überholt betrachtet werden. Es sprechen nicht nur Vernunftgründe dagegen (Kant, 1781, 1790), sondern auch Ergebnisse aus der Biologie (Lorenz, 1941, 1943) und Neurologie. Die Erforschung der in der Stammesgeschichte erworbenen und genetisch fixierten Voraussetzungen des Lernens im Leben, die Frage nach den »angeborenen Lehrmeistern« bei Tier und Mensch, ist eine wichtige Fragestellung der Biologie. Bei der Diskussion psychologischer und psychopathologischer Phänomene muß man bedenken, daß es zum einen ein Repertoire genetischer Varianten bezogen auf Einzelleistungen gibt, und daß zum anderen das Repertoire einer ontogenetischen Beeinflußbarkeit der Varianten nach Art der Leistung und Alter der Person unterschiedlich groß ist.

Tiefenpsychologie

Es gibt in der Tiefenpsychologie eine Reihe von Theorien, die sich im Grunde von Freud herleiten lassen. Daher wird in diesem Abschnitt weitgehend von Freudschen Grundbegriffen (FREUD, 1950) ausgegangen, wohl wissend, daß sich auch innerhalb der Tiefenpsychologie Kritiker gefunden haben.

Beginnen wir mit dem sogenannten Es. Hier finden sich eine Reihe von Überschneidungen mit dem »Triebmodell« der Ethologen. Das Es wird durch Begriffe wie Reizfilter, Appetenz und triebbefriedigende Endhandlung konkreter faßbar. Es ist jedoch wichtig, in diesem Zusammenhang darauf hinzuweisen, daß die Ethologie und Neuroethologie (s. z.B. EWERT, 1967) viele Bereitschaften und Verhaltensweisen mit unterschiedlichen Charakteristika nebeneinander kennen. Durch vermutlich wechselseitige Hemmschaltungen kommt jedoch je nach aktueller Dringlichkeit und Möglichkeit praktisch nur eine Verhaltensweise zum Tragen. Die Reaktionsstärke ist dann eine Funktion (der doppelten Quantifizierung) von Reizstärke und inneren Bedingungen. Die inneren Bedingungen können durch Rezeptoren (z.B. für Osmolarität im Hypothalamus, die Appetenz nach Wasser auslösen) aber auch durch eine endogene Kumulation von Bereitschaft (bei Triebstau) beeinflußt werden.

Es stiftet Verwirrung, daß die Umgangssprache und die Literatur außerhalb der psychoanalytischen Fachliteratur einerseits und die Tiefenpsychologie andererseits den Begriff der Sexualität in einem unterschiedlichen Sinn verwenden. Im Sinne einer besseren Verständigung wäre ein begrifflicher Konsens wünschenswert. Manche Tiefenpsychologen fassen den Begriff der Sexualität so weit, daß ihnen ein Begriff für das, was umgangssprachlich mit Sexualität gemeint ist, fehlt (s. dazu FREUD, 1950; HASSENSTEIN, 1973).

Der Begriff des Ich bei Freud überschneidet sich mit den Lorenzschen Begriffen der Voraussicht der Folgen eigenen Handelns und der Reflexion. Dank dieser Denkleistungen, samt unserer Leistung, wollen zu können, sind wir sicherlich die von unseren Trieben unabhängigsten Primaten.

Unser Ich hat nur einen kleinen Spielraum, um zwischen gefühlsmäßigen Bewertungen, die aus dem Es und Über-Ich kommen, zu entscheiden. Kein Mensch ist in der Lage, alle Bewertungen, gleichgültig ob sie aus dem Es mit seinen Säuger- und Primatenmerkmalen oder aus dem Überich mit z.T. tradierten Normen kommen, zu begründen. Darüber hinaus kennen wir noch viel zu wenig die stammesgeschichtlichen Vor- und Selektionsbedingungen unserer Vernunft, als daß wir erschöpfend erklären könnten, was das »unvernünftige an unserer Vernunft« ist, beziehungsweise wie groß die Wahrheitsähnlichkeit der Kategorien unserer Vernunft ist (DARWIN 1871; LORENZ, 1973; POPPER, 1974; RIEDL, 1980; VOLLMER, 1975; WUKETITS, 1981).

Die Begriffe der verantwortlichen Moral und des Gewissens schließlich lassen sich dem Freudschen Über-Ich zuordnen. Es bildet sich laut Tiefenpsychologie aus, indem in der Entwicklung des Kindes Werte der Eltern und der Umgebung internalisiert werden. Dabei sind wir eher geneigt, unsere Intelligenz in den Dienst vorhandener Bewertungen zu stellen, als mit Hilfe der Intelligenz Bewertungen neu zu entwickeln oder zu korrigieren.

Soziale Antriebe und Hemmungen wurden in der Stammesgeschichte schon bei unseren Primatenvorfahren durch Tradition überbaut und ältere Verhaltensbestandteile darauf abgestimmt, so daß wir schließlich ohne Tradition nicht mehr überlebensfähig sind. Von diesem Gesichtspunkt aus erhalten Tradition und Kultur eine neue grundlegende Erklärung und Bedeutung. Der Mensch wird es sich nicht leisten können, sie zu unterschätzen als die entscheidende Hilfe, die zur Verfügung steht, um mit unserer biologischen Ausstattung in der Umwelt, die wir uns geschaffen haben, leben zu können. LORENZ (1973) empfiehlt eine wissenschaftliche Untersuchung dieser Zusammenhänge.

In der Theorie und Praxis der Tiefenpsychologie wird den sensiblen Phasen der frühen Kindheit eine entscheidende Bedeutung für die Entwicklung zugesprochen. Die klassische Tiefenpsychologie beschreibt im wesentlichen drei Phasen, eine orale (erstes Lebensjahr), eine anale (zweites bis viertes Lebensjahr) und eine genitale Phase (viertes bis sechstes Lebensjahr). Beispiele für Phasen, in denen ein Tierjunges für bestimmte Erfahrungen besonders empfänglich ist, kennt die Ethologie zur Genüge. Der Lernvorgang in diesen sogenannten sensiblen Phasen zeichnet sich durch eine große bis völlige Irreversibilität des Gelernten aus und wird Prägung genannt. (Beim Menschen sollte man allerdings in diesem Zusammenhang meistens von einem prägeähnlichen Lernen sprechen). Für die Ethologie ist die Einteilung der Tiefenpsychologie in drei Phasen zunächst eine Vereinfachung, weil zu viele Leistungen unberücksichtigt geblieben sind. Die Verhaltensforschung gibt darüber hinaus den Begriffen der Oralität, vor allem aber denen der Analität und Genitalität eine andere Bedeutung und stellt sie in einen anderen Sinnzusammenhang.

Es gilt als gesichert, daß es zu einem lebensentscheidenden Nachteil für den Säugling kommen kann, der in der sogenannten oralen Phase nicht die Möglichkeit hatte, an einer bleibenden und sich zuwendenden Bezugsperson das Urvertrauen ausreifen zu lassen (ERIKSON, 1979; HASSENSTEIN, 1973; SPITZ, 1976).

Komplizierter sind die Zusammenhänge um die sogenannte Analität und die sogenannte anale Phase durch angeborenermaßen mitgegebene Bedeutungen (angeborene Besetzungen) um die Region des Unterleibes. Drohungen und Schimpfen mit einem Vokabular, das in einem Zusammenhang mit dem Anus steht, gehört zu den menschlichen kulturunabhängigen Universalien, auch das Gesäßweisen als eine anale Drohung (EIBL-EIBESFELDT, 1976).

In den Zeitraum der sogenannten analen Phase fallen ferner zwei Ereignisse, die in diesem Zusammenhang zu erwähnen sind. Um das zweite Lebensjahr beginnt die Ausreifung (Myelinisierung) von cerebrospinalen Bahnen als Voraussetzung für die willkürliche Beherrschung des Schließmuskels. Ungefähr zur selben Zeit beginnt jedoch ein Kind auch mit Trotzreaktionen, die es ihm ermöglichen, seinen sozialen Spielraum kennenzulernen. Das zeitliche Zusammentreffen dieser beiden Ereignisse samt der angeborenen Besetzung dürften Ursache dafür sein, daß manche Tiefenpsychologen von einer sogenannten anal-sadistischen Phase (im zweiten Teil der analen Phase) sprechen.

Auch zum Genitale kennt die Ethologie angeborene Bedeutungsgebungen beziehungsweise Verhaltensweisen: Das phallische Imponieren und das weibliche Scham-Präsentieren. Ersteres kommt fast nur in kulturellen Darstellungen zum Ausdruck: Als Dämonen abweisende Figuren, aber auch als »Herrenkonfektion« in Neuguinea in Form von Penisfutteralen aus ausgehöhlten langen Kürbissen (Eibl-Eibesfeldt, 1976; Wickler, 1970). Das sexuell motivierte Scham-Präsentieren kennt die Ethologie von Verhaltensbeobachtungen am Menschen. Es ist im allgemeinen nur in ganz besonderen Situationen, etwa beim Tanz, von der Gesellschaft geduldet (Eibl-Eibesfeldt, 1976). Beide ritualisierten Verhaltensweisen lassen sich mit ähnlichen Verhaltensweisen bei Affen als wahrscheinlich homolog klassifizieren. Das weibliche Scham-Präsentieren als eine Unterwerfungsgeste (ein Merkmal von Altweltaffen) ist zwar in dieser Form beim Menschen wahrscheinlich nicht mehr nachweisbar, es könnte möglicherweise beim Menschen im Zuge stammesgeschichtlicher Veränderungen zur Spottgebärde geworden sein (Eibl-Eibesfeldt, 1976).

Der Verhaltens- und Erlebnisbereich der Sexualität und Liebe reift in einer Folge von biologischen Schritten und in der seelisch geistigen Verarbeitung dieses Geschehens. Bei der Anwendung von Begriffen der Erwachsenen-Sexualität (z. B. Masturbation) und ihrer Pathologie (z. B. Sadismus) auf das Kind muß man sich das vor Augen halten. In diesem Zusammenhang soll noch vermerkt werden, daß Verhaltensweisen aus dem Brutpflegeverhalten der Säuger und Primaten im Laufe der Stammesgeschichte in die Sexualität des Erwachsenen einbezogen worden sind (Zärtlichkeit, Kuß, Lausen usw.), und nicht etwa umgekehrt. Sie sollen auch bei Erwachsenen der Aggression entgegenwirken, die entsteht, wenn sie sich zu nahe kommen. Das Gewicht dieser Entwicklung ist groß, da bei uns die Sexualität über die Fortpflanzung hinaus Bedeutung bei der Partnerbindung erlangt hat (Eibl-Eibesfeldt, 1967; Hassenstein, 1973; Wickler, 1970, 1971).

Wir haben bereits unsere fast kulturunabhängige Mimik als ein Beispiel einer allen Menschen gemeinsamen biologischen Ausstattung kennengelernt. Die entsprechenden Reizfilter erkennen angeborenermaßen nur eine äußerst grobe Struktur; gewissermaßen leistet ein Minimum an zu erkennenden Merkmalen ein Maximum an Selektivität. Ähnliche Ergebnisse kennt die Ethologie auch vom Tierexperiment aus Attrappenversuchen. Es sei auf die Überschneidung mit dem Begriff des Archetypus von Jung verwiesen (Lorenz, 1939).

Alle Nervensystsemleistungen werden über die Wirkungen auf das Verhalten durch die Selektion gefördert oder behindert. Angesichts der Verhaltensmöglichkeiten, die einem Tier zur Verfügung stehen, ist es für den Lebenserfolg maßgebend, unter Berücksichtigung von inneren und äußeren Bedingungen und von Gedächtnisinhalten die zweckmäßigste Entscheidung zu treffen. Und zweifellos haben in diesem Zusammenhang die immer umfassenderen und intelligenteren Prognosen beziehungsweise Entscheidungen als zum Teil vorbewußte (ratiomorphe) Leistungen eine wachsende Bedeutung erlangt. Es zeigen gelegentlich auch Tiere Entscheidungsschwierigkeiten zwischen widersprüchlichen Verhaltenstendenzen (Ambivalenz); diese kommen dann z. B. als alternierende Intentionsbewegungen zum Ausdruck. Vielleicht darf man in vorbewußten Entscheidungshilfen nicht nur Vorbedingungen unseres bewußten formalen Denkvermögens sehen, sondern zum Teil auch unserer von Freud entdeckten (unbewußten) Abwehrmechanismen.

Die Tiefenpsychologie vermutet, daß Abwehrmechanismen dazu dienen, das gelegentliche Aufkeimen von Angst in ambivalenten Situationen zu vermeiden. Primär, das heißt stammesgeschichtlich, dürfte das nicht das Selektionskriterium gewesen sein. Es ist nämlich so, daß in vielen nicht eindeutigen Situationen, z. B. bei kurzfristigen Deutungsproblemen von Sinneseindrücken, Angst aufkeimen kann als Wirkung einer Überforderung des Systems. Angst ist gewissermaßen ein Lehrmeister, der wegen der unangenehmen Tönung dieser Emotion künftig solche problematischen Situationen vermeiden hilft.

Beispiele für Abwehrmechanismen, die man als (zum Teil unbewußte) Entscheidungshilfen deuten könnte, sind: Rationalisierung (der Versuch, sich einzureden, daß das eigene Verhalten verstandesmäßig gerechtfertigt ist), Isolierung (Abtrennung emotionaler Regungen von angstbeladenen Situationen oder Strebungen durch straffe gedankliche Zergliederung), Verleugnung (Schutz vor einer unangenehmen Wirklichkeit durch die Weigerung, sie wahrzunehmen) und andere mehr (Definitionen der Abwehrbegriffe aus ZIMBARDO & RUCH, 1978). Unser Entscheidungsvermögen zeigt unter Umständen eine von der Psychoanalyse erkannte Anfälligkeit darin, daß sich gewisse einseitige unbewußte und fehlleitende Entscheidungspräferenzen im Laufe des Lebens entwickeln können, um Angst zu vermeiden, sprich abzuwehren.

Aus der Verhaltensbeobachtung am Tier kennt die Ethologie die »Abwehrmechanismen« der Verschiebung und der Regression. Bei der Verschiebung werden Triebhandlungen von gefährlichen Objekten auf ungefährliche umgeleitet, bei der Regression erfolgt ein Rückzug auf eine frühere Entwicklungsstufe mit primitiveren Reaktionen und zum Teil niedrigerem Anspruchsniveau. Das entspricht einem Rückzug auf phylogenetisch oder ontogenetisch ältere, das heißt auf länger überprüfte Leistungen. Möglicherweise ist diese Reaktionsweise geeignet, in Krisensituationen das Risiko zu senken.

Experimentelle Neurosen im Tierreich lassen vermuten, daß bei der Entstehung neurotischer Störungen des Menschen stammesgeschichtlich verhältnismäßig alte Leistungen eine Rolle spielen.

Ausblick

Am Beispiel von Lerntheorie und Tiefenpsychologie wurde aufgezeigt, wie sich der ethologisch stammesgeschichtliche Ansatz von Lorenz eignet, einen Beitrag zur Lösung von Theorienkonflikten in der Psychologie zu leisten. Die Bedeutung des evolutionären Ansatzes liegt darin, daß eine Verständigung zwischen den verschiedenen Theorieansätzen erleichtert würde. Die Kenntnis von stammesgeschichtlichen Gesetzmäßigkeiten können wir für unsere Diskussion nutzen, um das Suchfeld bei der Theorienbildung in der Psychologie einzuengen, ähnlich wie dies die organische Chemie für die Physiologie leistet. Gewisse theoretische Vorstellungen psychologischer Schulen können damit als unwahrscheinlich oder gar unmöglich eingestuft werden.
Was ist der über die Theoriendiskussion hinausgehende Wert? Die Ausformung spezifisch menschlicher Leistungen ist jung. Man darf annehmen, daß neben ihrem hohen Differenzierungsgrad dies eine Ursache für ihre Störanfälligkeit ist (z. B. Berner, 1979; Bleuler, 1975; Freud, 1950; Kuiper, 1976). Gerade hier kann die gute Kenntnis der Vorbedingungen psychischer Leistungen neben dem Wissen um psychologische und psychopathologische Zusammenhänge das Ausufern fragwürdiger psychotherapeutischer Vorschläge eingrenzen. Darüber hinaus wäre es zu wünschen, daß einmal nicht die Schule des Psychotherapeuten, sondern die richtige Indikationsstellung den Ausschlag für die Art der Therapie gibt.

Summary

Based on the fact that our mental capabilities represent physiological processes in nerve tissues, it can be assumed that the same laws derived (through the system theory of evolution) from comparative anatomy are valid for the phylogeny of mental capabilities.
An attempt to formulate a natural history of mental capabilities is presented: behavioral accomplishments at various levels of organisation are arranged in a hypothetical hierarchy of phylogenetic developmental stages (see table 3).
On the basis of fundamental concepts from the learning theory and from depth psychology it is documented that this evolutionary model can provide an effective foundation for communication in the event of conflicting theories in the field of psychology.

Literatur

AHRENS, R., 1954: Beitrag zur Entwicklung des Physiognomie- und Mimikerkennens, Z. f. exp. u. angew. Psychol. **2**, 412–454 u. 599–633.

ALKON, D. L., 1983: Eine Meeresschnecke als Lernmodell. Spektrum der Wissenschaft **9**: 38–49.

BAER, K. E. v., 1828: Entwicklungsgeschichte der Thiere: Beobachtung und Reflexion. Königsberg: Bornträger.

BERNER, P., 1979: Psychiatrische Systematik. Unter Mitarbeit v. K. KRYSPIN-EXNER. 2. Auflage. Bern, Stuttgart, Wien: H. Huber.

BITTERMAN, M. E., 1965: Phyletic differences in learning. Amer. Psychologist **20**: 396–410.

BLEULER, E., 1975: Lehrbuch der Psychiatrie. Neu bearbeitet v. MANFRED BLEULER. 13. Aufl. Berlin, Heidelberg, New York: Julius Springer.

CRANACH, M. v., 1976 (Ed.): Methods of Inference from Animal to Human Behaviour. Chicago, Paris, The Hague: Aldine/Mouton.

DARWIN, CH., 1859: On the Origin of Species by Means of Natural Selection. London: J. Murray.

DARWIN, CH., 1871: The Descent of Man and Selection in Relation to Sex (2 Vol.). London: J. Murray.

DARWIN, CH., 1872: The Expression of Emotions in Man and Animals. London: J. Murray.

DITFURTH, H. v., 1976: Der Geist fiel nicht vom Himmel. Die Evolution unseres Bewußtseins. Hamburg: Hoffmann und Campe.

DUUS, P., 1976: Neurologisch-topische Diagnostik. Stuttgart: Georg Thieme.

EIBL-EIBESFELDT, I., 1967: Grundriß der vergleichenden Verhaltensforschung. München, Zürich: R. Piper & Co.

EIBL-EIBESFELDT, I., 1976: Der vorprogrammierte Mensch. Das Ererbte als bestimmender Faktor im menschlichen Verhalten. München: Deutscher Taschenbuchverlag.

ERIKSON, E. H., 1979: Identität und Lebenszyklus. 5. Aufl. Frankfurt/M.: Suhrkamp.

EWERT, J.-P., 1976: Neuroethologie. Einführung in die neurophysiologischen Grundlagen des Verhaltens. Berlin, Heidelberg, New York: Julius Springer.

FOPPA, K., 1965: Lernen, Gedächtnis, Verhalten. Ergebnisse und Probleme der Lernpsychologie. Köln: Kiepenheuer & WITSCH.

FREUD, S., 1950: Gesammelte Werke. London: Imago Publ.

GALLUPS, G., 1970: Chimpanzees: Self-recognition. Science **167**: 86–87.

GARCIA, J., & R. A. KOELLING, 1967: A Comparison of Aversions Induced by X-Rays, Drugs and Toxins. Radiation Res. Suppl. **7**: 439–450.

HAECKEL, E., 1866: Generelle Morphologie der Organismen: Allgemeine Grundzüge der organischen Form-Wissenschaft, mechanisch begründet durch die von Ch. Darwin reformierte Descendere-Theorie. Berlin: Georg Reimer.

HASSENSTEIN, B., 1973: Verhaltensbiologie des Kindes. München, Zürich: R. Piper & Co.

HEINROTH, O., 1910: Beiträge zur Biologie, insbesondere Psychologie und Ethologie der Anatiden. Verh. 5. Int. Ornithologen-Kongr. Berlin: 589–702.

HINDE, R., 1974: Biological Bases of Human Social Behaviour. New York: McGraw Hill Book Company.

HOLST, E. v., 1969: Zur Verhaltensphysiologie bei Tieren und Menschen. Gesammelte Abbildungen (2 Bd.). München, Zürich: R. Piper & Co.

IMMELMANN, K., 1982: Wörterbuch der Verhaltensforschung. Berlin, Hamburg: Paul Parey.

KANT, I., 1781: Kritik der reinen Vernunft. Abgedruckt in: I. KANT: Werkausgabe, Bd. III und IV. Frankfurt/M. (1977): Suhrkamp.
KANT, I., 1790: Kritik der Urteilskraft. Abgedruckt in: I. KANT, Werkausgabe. Bd. X. Frankfurt/M. (1977): Suhrkamp.
KAESTNER, A., 1954: Lehrbuch der speziellen Zoologie. Jena: Gustav Fischer.
KÖHLER, W., 1921: Intelligenzprüfungen an Menschenaffen. Berlin: Julius Springer.
KUIPER, P. C., 1976: Die seelischen Krankheiten des Menschen. Psychoanalytische Neurosenlehre. 4. Aufl. Bern: Huber. Stuttgart: Ernst Klett.

LAWICK-GOODALL, J. v., 1971: Wilde Schimpansen. Reinbek: Rowohlt.
LORENZ, K., 1927: Beobachtungen an Dohlen. J. Orn. **75:** 511–519.
LORENZ, K., 1939: Vergleichende Verhaltensforschung. Verh. Dt. Zool. Ges., Zool. Anz. Suppl. **12:** 69–102.
LORENZ, K., 1941: Kants Lehre vom Apriorischen im Lichte gegenwärtiger Biologie. Blätter für Deutsche Philosophie **15:** 94–125.
LORENZ, K., 1943: Die angeborenen Formen möglicher Erfahrung. Z. Tierpsychol. **5:** 235–409.
LORENZ, K., 1954: Psychologie und Stammesgeschichte. In: LORENZ, K., 1965: 492–534.
LORENZ, K., 1956: Moralanaloges Verhalten geselliger Tiere. Universitas **11:** 691–704.
LORENZ, K., 1965: Über tierisches und menschliches Verhalten. Aus dem Werdegang der Verhaltenslehre. Gesammelte Abhandlungen. (2 Bd.). München, Zürich: R. Piper & Co.
LORENZ, K., 1973: Die Rückseite des Spiegels. Versuch einer Naturgeschichte menschlichen Erkennens. München, Zürich: R. Piper & Co.
LORENZ, K., 1974: Analogy as a Source of Knowledge. Les Prix Nobel en 1973: 185–195. The Nobel Foundation: 1974.
LORENZ, K., 1978 a: Vergleichende Verhaltensforschung. Grundlagen der Ethologie. Wien: Julius Springer.
LORENZ, K., 1978 b: Das Wirkungsgefüge der Natur und das Schicksal des Menschen. Gesammelte Arbeiten. München, Zürich: R. Piper & Co.
LORENZ, K., 1980: »Leben ist lernen« K. Lorenz im Gespräch mit F. Kreuzer. ORF-Nachlese **5**/80: 15–23, 2. Teil **6**/80: 14–20.
LORENZ, K., & P. LEYHAUSEN, 1968: Antriebe tierischen und menschlichen Verhaltens. Gesammelte Abhandlungen. München, Zürich: R. Piper & Co.
LORENZ, K., & N. TINBERGEN, 1939: Taxis und Instinkthandlung in der Eirollbewegung der Graugans. Z. Tierpsychol. **2:** 1–29.

MILNER, B., 1962: Les troubles de la mémoire accompagnant des lésions hippocampigues bilatérales. In: PASSOUANT, P., 1962 (Ed.): Physiologie de l'hippocampe. Paris: CNRS: 257–272.

OSCHE, G., 1982: Rekapitulationsentwicklung und ihre Bedeutung für die Phylogenetik. Wann gilt die ›Biogenetische Grundregel‹. Hamburg: Verh. naturwiss. Ver. Hamburg (NF) **25:** 5–31.

PAPEZ, J. W., 1937: A proposed mechanism of emotion. Arch. Neurol. & Psychiat. **38:** 725–743.
PAWLOW, J. P., 1953: Sämtliche Werke. Bd. I–IV. Berlin: Akademieverlag.
POPPER, K., 1974: Objektive Erkenntnis. Ein evolutionärer Entwurf. 2. Aufl. Hamburg: Hoffmann und Campe.
POPPER, K. R., & J. C. ECCLES, 1982: Das Ich und sein Gehirn. München, Zürich: R. Piper & Co.

RENSCH, B., 1973: Gedächtnis, Begriffsbildung und Planhandlungen bei Tieren. Hamburg, Berlin: Paul Parey.
RICHELLE, M., & H. LEJEUNE, 1980: Time in Animal Behaviour. Oxford, New York: Pergamon Press.
RIEDL, R., 1975: Die Ordnung des Lebendigen. Systembedingungen der Evolution. Hamburg, Berlin: Paul Parey.

RIEDL, R., 1976: Die Strategie der Genesis. Naturgeschichte der realen Welt. München, Zürich: R. Piper & Co.
RIEDL, R., 1981: Biologie der Erkenntnis. Die stammesgeschichtlichen Grundlagen der Vernunft (unter Mitarbeit von R. KASPAR). 3. Aufl. Berlin, Hamburg: Paul Parey.
ROEDER, K., 1955: Spontaneous Activity and Behaviour. The Scientific Monthly **80:** 362–370.

SCHÖNE, H., 1983: Orientierung im Raum. Formen und Mechanismen der Lenkung des Verhaltens im Raum bei Tier und Mensch. 2. Aufl. Stuttgart: Wissenschaftliche Verlagsgesellschaft.
SPITZ, R. A., 1976: Vom Säugling zum Kleinkind. Naturgeschichte der Mutter-Kind-Beziehungen im ersten Lebensjahr. 5. Aufl. Stuttgart: Ernst Klett.
STARCK, D., 1978: Vergleichende Anatomie der Wirbeltiere. Bd. I–III. Berlin, Heidelberg, New York: Julius Springer.

TEMBROCK, G., 1982: Spezielle Verhaltensbiologie der Tiere. 2 Bd. Jena: Gustav Fischer.
TINBERGEN, N., 1978: Das Tier in seiner Welt. 2 Bd. München, Zürich: R. Piper & Co.

VOLLMER, G., 1975: Evolutionäre Erkenntnistheorie. Stuttgart: Hirzel.
VOLLMER, G., 1980: Evolutionäre Erkenntnistheorie und Leib-Seele-Problem. In: BÖHME, W., Ed.: Wie entsteht der Geist? Herrenalber Texte **23:** 11–40.

WHITMAN, C. O., 1898: Animal Behaviour. Biol. Lect. Mar. Biol. Lab. Woods Hole-Mass.: 285–338.
WICKLER, W., 1970: Stammesgeschichte und Ritualisierung. Zur Entstehung tierischer und menschlicher Verhaltensmuster. München, Zürich: R. Piper & Co.
WICKLER, W., 1971 Die Biologie der Zehn Gebote. München, Zürich: R. Piper & Co.
WUKETITS, F. M., 1981: Biologie und Kausalität. Biologische Ansätze zur Kausalität, Determination und Freiheit. Berlin, Hamburg: Paul Parey.

ZIMBARDO, P. G., & F. L. RUCH, 1978: Lehrbuch der Psychologie. 3. Aufl. Berlin, Heidelberg, New York: Julius Springer.

Anhang

Veröffentlichungen von Rupert Riedl

Diese Liste enthält alle wissenschaftlichen Publikationen von Rupert Riedl in chronologischer Reihenfolge. Nicht aufgenommen wurden Buchbesprechungs- und Zeitungsartikel.

1. Was ist Unterwasserforschung? Umwelt **3**, 1947.
2. Quantitativ ökologische Methoden mariner Turbellarienforschung. Österr. Zool. Zeitschrift **4**, 1953.
3. Neue Turbellarien aus dem mediterranen Felslitoral. Ergebnisse der »Unterwasser-Expedition Austria 1948/49«. Zool. Jahrb. Syst. **82**, 1954 a.
4. Unterwasserforschung im Mittelmeer. »Österreichische Tyrrhenia-Expedition 1952«. Naturwiss. Rundsch. **2**, 1954 b.
5. Aufsammlung tiefer Meeresböden in abgegrenzten Schichten und Flächen. Arch. Hydrobiol. **51**, 1955 a.
6. Über die Isolation der lebenden Mikrofauna aus marinen Schlammböden. Zool. Anz. **155**, 1955 b.
7. Über Tierleben in Höhlen unter dem Meeresspiegel. Zool. Anz. (Suppl.) **19**, 1956 a.
8. Automatische Photographie von Meeresböden für ökologisch-faunistische Zwecke. Österr. Zool. Zeitschrift **6**, 1956 b.
9. Zur Kenntnis der Turbellarien adriatischer Schlammböden sowie ihrer geographischen und faunistischen Beziehungen. Thalassia Jugosl. **1**, 1956 c.
10. An Attempt to Test the Efficiency of Ecological Field Methods and the Validity of their Results. In: Perspectives in Marine Biology. A Symposium. Berkeley, Los Angeles: University of California Press, 1956 d.
11. Turbellarien aus submarinen Höhlen I: Archoophora. Ergebnisse der Österreichischen Tyrrhenia-Expedition 1952. Pubbl. Staz. Zool. Napoli **30**, 1959 a.
12. Turbellarien aus submarinen Höhlen II: Prolecithophora. Ergebnisse der Österreichischen Tyrrhenia-Expedition 1952. Ebd., 1959 b.
13. Turbellarien aus submarinen Höhlen III: Seriata und Neorhabdocoela. Ergebnisse der Österreichischen Tyrrhenia-Expedition 1952. Ebd., 1959 c.
14. Turbellarien aus submarinen Höhlen IV: Faunistik und Ökologie. Ergebnisse der Österreichischen Tyrrhenia-Expedition 1952. Ebd., 1959 d.
15. Das Vorkommen von Nemertinen in unterseeischen Höhlen. Ergebnisse der Österreichischen Tyrrhenia-Expedition 1952. Ebd., 1959 e.
16. Die Hydroiden des Golfes von Neapel und ihr Anteil an der Fauna unterseeischer Höhlen. Ergebnisse der Österreichischen Tyrrhenia-Expedition 1952. Ebd., 1959 f.
17. Beiträge zur Kenntnis der Rhodope veranii I: Geschichte und Biologie. Zool. Anz. **163**, 1959 g.

18. Ein Kinemeter zur Beobachtung von Dredgen in beliebigen Meerestiefen. Int. Rev. ges. Hydrobiol. **45**, 1960 a.
19. Beiträge zur Kenntnis der Rhodope veranii II: Entwicklung. Z. wiss. Zool. 163, 1960 b.
20. Neue nordatlantische Formen von adriatischen Schlammböden. Zool. Anz. **165**, 1960 c.
21. Über einige nordatlantische und mediterrane Nemertoderma-Funde. Zool. Anz. **165**, 1960 d.
22. Etudes des fonds vaseux de l'Adriatique – methodes et resultates. Recl. Trav. Stn. Mar. Endoume **23**, 1961.
23. Das Tierleben der marinen Lebensräume eines mediterranen Felsriffs im Kulturfilm. Zool. Anz. (Suppl.) **26**, 1962.
24. Cladus: Hemichordata. In: Handbuch der Biologie (Hrsg. L. v. Bertalanffy & F. Gessner), Band 6. Konstanz: Akademische Verlagsgesellschaft Athenaion, 1963 a.
25. Probleme und Methoden der Erforschung des litoralen Benthos. Zool. Anz. (Suppl.) **26**, 1963 b.
26. Diskussionsbemerkung zum Vortrag von Prof. Starck. Zool. Anz. **170**, 1963 c.
27. (Hrsg.) Fauna und Flora der Adria. Ein systematischer Meeresführer für Biologen und Naturfreunde. Hamburg, Berlin: Paul Parey, 1963 d; 2. Aufl. 1970.
28. 100 Jahre Litoralgliederung seit Josef Lorenz, neue und vergessene Gesichtspunkte. Int. Rev. ges. Hydrobiol. **49**, 1964 a.
29. Lo studio litorale marino in rapporto alla moderna biologia. Atti Sem. Stud. Biol. (Bari) **1**, 1964 b.
30. Die Erscheinungen der Wasserbewegung und ihre Wirkung auf Sedentarier im mediterranen Felslitoral. Helgol. Wiss. Meeresunters. **10**, 1964 c.
31. Vierzehn für die Adria neue Tiergruppen. Bull. Sci. Conseil Acad. R. S. F. Yugoslavie, Sect. A, **10**, 1965.
32. Biologie der Meereshöhlen. Deskriptive Beiträge zur Monographie eines Lebensraumes. Hamburg, Berlin: Paul Parey, 1966 a.
33. Faunistische Studien am Roten Meer im Winter 1961/62 III: Die Aufsammlungen in Suez und Al-Ghardaqa, nebst einigen Bemerkungen über Gnathostomulida. Zool. Jahrb. Syst. **93**, 1966 b.
34. Speläologie und Meeresbiologie, eine Brücke zwischen Forschungsgebieten. Die Höhle **17**, 1966 c.
35. Die Tauchmethode, ihre Aufgaben und Leistungen bei der Erforschung des Litorals; eine kritische Untersuchung. Helgol. Wiss. Meeresunters. **15**, 1967.
36. (Gemeinsam mit H. Forstner) Wasserbewegung im Mikrobereich des Benthos. Sarsia **34**, 1968.
37. Lage und Aufgabe unserer Systematik von heute. Thalassia Jugosl. **5**, 1969 a.
38. Marinbiologische Aspekte der Wasserbewegung. Mar. Biol. **4**, 1969 b.
39. (Gemeinsam mit B. Ozretič) Hydrobiology of marginal caves. Part I. General problems and introduction. Int. Rev. ges. Hydrobiol. **54**, 1969 c.
40. (Gemeinsam mit E. McMahan) High energy beaches. In: H. T. Odum, B. J. Copeland & E. A. McMahan (Eds.) Coastal ecological systems of the United States. Federal Water Pollution Control Administration, Washington D. C., 1969 d.
41. Gnathostomulida from America. Science **163**, 1969 e.
42. On *Labidognathia longicollis* nov. gen. nov. spec. from the West Atlantic Coast. Int. Rev. ges. Hydrobiol. **55**, 1970 a.
43. *Semaeognathia,* a New Genus of Gnathostomulida from the North American Coast. Ebd., 1970 b.
44. (Gemeinsam mit T. Fenchel) The Sulfide System; a New Biotic Community Underneath the Oxidized Layer of Marine Sand Bottoms. Mar. Biol. **7**, 1970 c.
45. Gnathostomulida: Is there a Fossil Record? Science **164**, 1970 d.
46. (Gemeinsam mit J. Ott) A Suction Corer to Yield Electric Potentials in Coastal Sediment Layers. Senckenbergiana Maritima **2**, 1970 e.
47. On the Genus *Gnathostomula* (Gnathostomulida). Int. Rev. ges. Hydrobiol. **56**, 1971 a.
48. On *Onychognathia,* a New Genus of Gnathostomulida from the Tropical and Subtropical West Atlantic. Ebd., 1971 b.
49. Water Movement: General Introduction. In: O. Kinne Ed.) Marine Ecology, Vol. 1, London: J. Wiley & Sons, 1971 c.

50. Water Movement: Animals. In: O. KINNE (Ed.) Marine Ecology, Vol. 1, London: J. Wiley & Sons, 1971 d.
51. How much Seawater Passes through Intertidal Intersticies? Ebd., 1971 e.
52. Generelle Eigenschaften der Biosphäre. Tagungsbericht der Ges. für Ökologie, 1971 f.
53. Energy Exchange at the Bottom / Water Interface. Thalassia Jugosl. 7, 1971 g.
54. (Gemeinsam mit R. MACHAN) Hydrodynamic Patterns in Intertidal Sands and their bioclimatological implications. Mar. Biol. **13**, 1972 a.
55. (Gemeinsam mit N. HUANG & R. MACHAN) The Subtidal Pump: a mechanism of interstitial water exchange by wave action. Mar. Biol. **13**, 1972 b.
56. (Gemeinsam mit R. RIEGER) New Characters Observed on Isolated Jaws and Basal Plates of the Family Gnathostomulidae (Gnathostomulida). Z. Morphol. Tiere **72**, 1972 c.
57. Die Biosphäre und die heutige Erfolgsgesellschaft. Universitas **28**, 1973 a.
58. Energie, Information und Negentropie in der Biosphäre. Naturwiss. Runddsch. **26**, 1973 b.
59. In Memoriam Fritz Gessner (1905–1972). Mar. Biol. **22**, 1973 c.
60. Die Ordnung des Lebendigen. Systembedingungen der Evolution. Hamburg, Berlin: Paul Parey, 1975.
61. The Flow of Energy and Information and the Endangered Marine Ecosystems. Atti della Tavola Rotonda Internazionale »La Biologia marina per la difesa e per la produttivita del mare« 1974. Publ. 1976 a.
62. The Role of Sea Cave Investigation in Marine Science. Pubbl. Staz. Zool. Napoli **40**, 1976 b.
63. Die Strategie der Genesis. Naturgeschichte der realen Welt. München, Zürich: R. Piper & Co., 1976 c. 2. Aufl. 1984.
64. A Systems-analytical Approach to Macroevolutionary Phenomena. Q. Rev. Biol. **52**, 1977 a.
65. International Helgoland Symposium: Closing Remarks. Helgol. Wiss. Meeresunters. **30**, 1977 b.
66. Über die Biologie des Ursachen-Denkens – ein evolutionistischer, systemtheoretischer Versuch. Mannheimer Forum **78/79**, 1979.
67. Biologie der Erkenntnis. Die stammesgeschichtlichen Grundlagen der Vernunft. Unter Mitarbeit von R. KASPAR. Berlin, Hamburg: Paul Parey, 1980 a; 3. Aufl. 1981; italienische Ausgabe 1981.
68. Die Entwicklung des Begriffs vom taxonomischen Merkmal oder das Problem der Morphologie. Zool. Jahrb. Anat. **103**, 1980 b.
69. Homologien; ihre Gründe und Erkenntnisgründe. Verh. Dtsch. Zool. Ges. 1980 c.
70. Evolution als Naturgeschichte von Sinn und Freiheit. Herrenalber Texte **23**, 1980 d.
71. Marine Ecology – A Century of Changes. P. S. Z. N. I: Marine Ecology **1**, 1980 e.
72. Paradigmawechsel in der Wissenschaft. Jenseits von Materialismus und Idealismus. X. Salzburger Humanismusgespräche 1980 f.
73. Die biologischen Grundlagen der Vernunft. Schriften der Carl Friedrich von Siemens Stiftung. Band **5**, 1981 a.
74. Die Folgen des Ursachendenkens. In: P. WATZLAWICK (Hrsg.): Die erfundene Wirklichkeit. München, Zürich: R. Piper & Co. 1981 b.
75. Umwelt und Entwicklung aus der Sicht des Biologen. Der sozialistische Akademiker **35**, 1982 a.
76. Darwin und die Folgen. Evolution und Erkenntnistheorie. Manuskript zur Sendereihe des Bayrischen Rundfunks. Kennziffer 21203, 1982 b.
77. Darwin, ein schlechter Darwinist? Naturwiss. Rundsch. **35**, 1982 c.
78. Evolution und Erkenntnis. Antworten auf Fragen aus unserer Zeit. München, Zürich: R. Piper & Co., 1982 d.
79. A Dialectic Approach to Epigenetics and Macroevolution. In: V. J. A. NOVÁK, J. MIKOVSKÝ (Eds.): Evolution and Environment. Praha, 1982 e.
80. Evolution und Erkenntnis. Wissenschaftl. Nachrichten **61**, 1983 a.
81. Frieden: Die Utopien des Überlebens. Gesellschaft und Wissenschaft **8**, 1983 b.
82. (Hrsg., gemeinsam mit F. KREUZER) Evolution und Menschenbild. Hamburg: Hoffmann und Campe, 1983 c.
83. Evolution und evolutionäre Erkenntnis – Zur Übereinstimmung der Ordnung des Denkens und der Natur. In: K. LORENZ und F. M. WUKETITS (Hrsg.): Die Evolution des Denkens. München, Zürich: R. Piper & Co., 1983 d.

84. Evolution und Erkenntnis. In: Der Mensch und die Wissenschaften vom Menschen. Beiträge des XII. Deutschen Kongresses für Philosophie. Innsbruck: Solaris-Verlag, 1983 e.
85. Evolution und Erkenntnis. Biol. Rdsch. **21,** 1983 f.
86. (Hrsg.) Fauna und Flora des Mittelmeeres. Berlin, Hamburg: Paul Parey, 1983 g.
87. The Role of Morphology in the Theory of Evolution. In: M. Grene (Ed.): Dimensions of Darwinism. Cambridge: Cambridge University Press, 1983 h.
88. Abstammung – die Realität des Vorgangs. Artikel der Sondernomenklatur in »Lexikon der Biologie«, Band 1. Freiburg, Basel, Wien: Herder, 1983 i.
89. Evolution and Evolutionary Knowledge – On the Correspondence Between Cognitive Order and Nature. In: F. M. Wuketits (Ed.): Concepts and Approaches in Evolutionary Epistemology. Towards an Evolutionary Theory of Knowledge. Dordrecht, Boston, Lancaster: D. Reidel, 1984.
90. Evolution und Erkenntnis. Mensch, Natur, Gesellschaft **1,** 1984 b.
91. Die Mühseligkeit der menschlichen Existenz zu erleichtern. In: F. Kreuzer (Hrsg.): Nichts ist schon dagewesen. Konrad Lorenz, seine Lehre und ihre Folgen. München, Zürich: R. Piper & Co., 1984 c.
92. Auf der Suche nach dem Ganzen. Conturen **5,** 1984 d.
93. Die Spaltung des Weltbildes. Biologische Grundlagen des Erklärens und Verstehens. Berlin, Hamburg: Paul Parey, 1984 e.
94. Determination. Artikel der Sondernomenklatur in »Lexikon der Biologie«, Band 2. Freiburg, Basel, Wien: Herder, 1984 f.

Personenregister

Sachregister